珠三角填海造陆地区深厚软基处理技术研究与实践

朱俊樸　刘运兰　编著

人民交通出版社

北京

内 容 提 要

　　软基处理在沿海地区被大量应用,本书针对珠三角地区特别是填海造陆地区的软基处理方法进行了较为全面系统的总结,主要内容包括浅层处理法(换填法、就地固化法、泡沫轻质土路堤法等)、排水固结法(堆载预压法、真空预压法、真空-堆载联合预压法等)、复合地基法(水泥土搅拌桩、高压旋喷桩、水泥粉煤灰碎石桩、预应力高强度混凝土管桩等),对各种软基处理方法进行案例分析,阐述了各种软基处理方法的设计、施工要点与应用评价,对填海造陆地区软基处理方法的技术可行性、经济适用性、环境影响性等方面进行综合分析。

　　本书可供沿海城市市政道路施工工程管理、设计和科研等人员参考。

图书在版编目(CIP)数据

珠三角填海造陆地区深厚软基处理技术研究与实践 /
朱俊樸,刘运兰编著. — 北京:人民交通出版社股份有
限公司,2024.8

　　ISBN 978-7-114-19039-1

　　Ⅰ.①珠… Ⅱ.①朱…②刘… Ⅲ.①珠江三角洲—
填海造地—软土地基—研究 Ⅳ.①TU471

中国国家版本馆 CIP 数据核字(2023)第 201549 号

Zhusanjiao Tianhai Zaolu Diqu Shenhou Ruanji Chuli Jishu Yanjiu yu Shijian

书　　　名:	珠三角填海造陆地区深厚软基处理技术研究与实践
著 作 者:	朱俊樸　刘运兰
责 任 编 辑:	郭晓旭
责 任 校 对:	赵媛媛　魏佳宁
责 任 印 制:	刘高彤
出 版 发 行:	人民交通出版社
地　　　址:	(100011)北京市朝阳区安定门外外馆斜街 3 号
网　　　址:	http://www.ccpcl.com.cn
销 售 电 话:	(010)59757973
总 经 销:	人民交通出版社发行部
经　　　销:	各地新华书店
印　　　刷:	北京建宏印刷有限公司
开　　　本:	787×1092　1/16
印　　　张:	9.75
字　　　数:	213 千
版　　　次:	2024 年 8 月　第 1 版
印　　　次:	2024 年 8 月　第 1 次印刷
书　　　号:	ISBN 978-7-114-19039-1
定　　　价:	68.00 元

前　言

PERFACE

　　珠三角填海造陆地区的道路工程正逐年增多,由于陆域形成时间短、围填海工艺特性等原因,填海造陆地区普遍存在淤泥软土范围广、含水率高、流动性大等特点,这些对道路建设与运营均带来了极大的困难与挑战。中山翠亨新区马鞍岛地处粤港澳大湾区地理几何中心,是南沙、前海、横琴三个国家新区和广深港澳四大地区两个"同心圆"的圆心位置,目前正处于大开发大建设阶段。珠三角填海造陆地区软土深厚,而马鞍岛正是珠三角最近几十年历经人工围垦、大规模机械疏浚吹填等形成的最新陆域之一,其表现出的地质条件复杂、淤泥深厚、淤泥含水率极高等特点,在珠三角地区具有很强的代表性。

　　本书结合中山翠亨新区实际情况,系统性梳理近年来马鞍岛各市政道路工程案例,特别是总结了近年马鞍岛软基处理的经验与教训,提炼精华、举一反三,可为后续类似工程项目建设、品质提升提供参考。因马鞍岛不同市政道路项目周边环境及地质条件存在一定差异,项目开工时间与施工条件也各不相同,故在软基处理方案选型时,在马鞍岛不同区域采用了不同的软基处理方法。马鞍岛的软基处理方式有浅层处理法(换填法、就地固化法、泡沫轻质土路堤法等)、排水固结法(堆载预压法、真空预压法、真空-堆载联合预压法等)、复合地基法(水泥土搅拌桩、高压旋喷桩、水泥粉煤灰碎石桩、预应力高强度混凝土管桩等)。书中对各软基处理方法进行了案例分析,详细阐述了各种软基处理方法的设计和施工要点,并进行技术、经济比选与应用评价;同时对影响行车安全性、舒适性的特殊路段[桥头、涵洞(通道)、地下综合管廊、旧路拓宽段等]进行了专门总结;结合软基监测资料和地基检测结果等,对软基处理方式的技术可行性、经济适用性、环境影响性等方面进行综合评价。本书对珠三角填海造陆乃至全国填海造陆地区的道路工程建设均有一定的借鉴和指导意义。

　　本书在编写过程中,参考、摘录了国内外有关专著、论文和马鞍岛各道路工程的建设资料与研究报告,在此谨向有关学者、研究人员和马鞍岛各道路工程参建人员深表谢意。由于软基处理的设计和施工技术发展迅速、涉及面广、受地域地质影响较大,加上作者水平有限,书中难免有疏漏和欠妥之处,敬请读者批评、指正。

作　者
2022 年 12 月

目 录/
CONTENTS

第1章 概　述

1.1　珠江口人工海岸线变化概述

珠江三角洲面积约 5.5 万 km^2,由西江、北江、东江共同冲积形成。与长江、黄河只有单独的入海口相比,珠江入海口形成了河网密布的三角洲,有着三江汇合、八口分流的壮丽景观。珠江入海口的八口又称八门,分别是:东部的虎门、蕉门、洪奇门水道、横门水道构成伶仃洋河口;南部的磨刀门水道、鸡啼门水道构成磨刀门河口;西南部的虎跳门水道和崖门水道构成崖门河口。中山翠亨新区马鞍岛即位于横门水道河口。

珠江口海岸以人工海岸为主,其围垦封闭的区域以最外围为人工海岸线,围垦尚未封闭的区域按围垦前的原有边界自然延伸,以原有边界及其延伸线为人工海岸线。

1960—2012 年,珠江口湾区人工海岸线由 1134.95km 增至 1508.02km,年均增长为 7.17km。2012 年中山市人工海岸线长度为 108.97km,与 1960 年相比增长 14.90%。

珠江口建设用地总体的增长趋势非常显著,1960—2012 年扩张了 33.05 倍。其中,1960—1990 年间年增幅相对较低,年均增长率为 6.08%。1990—1995 年建设用地增长速度惊人,年均增长率达到了 22.61%。

1960 年以来,珠江口人工海岸线持续向海洋方向推进。1960—2010 年,珠江口湾区陆地面积由 2893.75km^2增至 3771.87km^2,年均新增陆地 17.56km^2。

1990—2000 年是近 50 年来陆地向海洋扩张最快的一段时期,新增陆地面积达 321.42km^2。其中占地面积最大的是围垦滩涂,达到 93.90km^2。

1.2　中山翠亨新区马鞍岛自然地理概述

中山翠亨新区马鞍岛位于珠江西岸,中山市东部,地处粤西大通道与广珠都市走廊交会地带,为世纪工程深中通道的西岸登陆点,交通区位优势明显,是"广州—珠海—澳门"经济发展轴上重要的一环,也是珠三角 1 小时经济圈和深港中半小时经济圈的核心区域。

马鞍岛地处低纬度地区,均在北回归线以南,属亚热带季风气候。太阳辐射能量丰富,终年气温较高;濒临南海,夏季风带来大量水汽,成为降水的主要来源,具有光热充足,雨量充沛,干湿分明的气候特征。马鞍岛长年主导风向为偏东风,冬季主导风向为东北风,夏季主导风向为东南风。历年平均降雨量1748.2mm,降雨集中季节在4~9月份。历年平均相对湿度83%,历年最大相对湿度100%,历年最小相对湿度17%。

马鞍岛由横门岛、西一围、西二围、西三围、西四围、西五围、烂山围、东一围、东二围、东三围、东四围、东五围和东六围等13个片区组成,见附图,除横门岛外,其余区域均属围海造陆围垦区。

马鞍岛地貌属珠江三角洲冲积平原,区内基本为第四系地层所覆盖,基岩以侵入花岗岩为主。本片区内有横门山、飞鹅山、牛岗等几座小山体,有横门水道、横门西水道、茅龙涌及围垦填海造陆后留下的河涌等水域,陆地范围现状主要为产业区和农林用地。随着深中通道的建设,翠亨新区是中山参与粤港澳大湾区建设的"主阵地",是全面对接深圳、香港的桥头堡。近年来,翠亨新区马鞍岛进行了大规模的市政基础设施特别是市政道路的建设。

1.3 马鞍岛围海造陆进程概述

20世纪80年代初,马鞍岛附近滩涂便开展了围垦工程建设,1983—1984年间成垦马鞍岛西北部的婆山围和蚁洲围2个小围。

20世纪90年代,根据中山市政府《关于加快围垦造田的决定》(中府〔87〕183号)和《关于修改围垦五年规划有关问题的通知》文件精神,马鞍岛开展大规模的围垦建设,其中1989—1995年,分别成垦烂山围、东一围、西一围、西二围、西三围、西四围、西五围,共成垦土地约26463亩(约1764.2万 m²),同时对余下滩涂按规划进行抛石促淤的前期建设;1998—2008年,分别成垦东二围、东三围、东四围、东五围、东六围,共成垦土地约12200亩(约813.3万 m²),具体位置见附图。如图1-1所示为围垦施工的照片。图1-2~图1-6所示分别为围垦施工的抛石、吹填、砌石、运送水闸的历史照片。

马鞍岛围海造陆在2008年已基本完成,2020年起,随着马鞍岛市政路网工程大面积开工建设,大量市政道路建设时所在区域陆域形成时间仅有十余年,围海造陆区域软基处理面临的问题与困难十分突出。

图 1-1 围垦施工

图 1-2 围垦施工——抛石

图 1-3 围垦施工——吹填

图 1-4 围垦施工——砌石(1)

图 1-5 围垦施工——砌石(2)

图 1-6 围垦施工——运送水闸

第2章 珠三角填海造陆地区工程地质概况

珠江三角洲珠江入海口经近几十年填海造陆,人工陆域广阔,填海造陆地区开发强度也在逐年增大,形成了庞大的软基处理工程量。工程地质情况特征决定了工程软基处理的方法,是软基处理技术研究与创新的前提。本章结合马鞍岛、南沙、横琴等地的工程实践,对珠三角填海造陆地区的软土地质概况进行介绍对比与分析。

2.1 填海造陆软土地区勘察要点

(1)软土一般物理力学性质:

根据《公路软土地基路堤设计与施工技术细则》(JTG/T D31-02—2013),天然含水率、天然孔隙比同时符合表2-1规定的黏性土宜定名为软土,静力触探锥尖阻力或十字板抗剪强度符合表2-1规定的黏性土应定名为软土。

软土鉴别指标   表2-1

特征指标名称	天然含水率(%)	天然孔隙比	快剪内摩擦角(°)	十字板抗剪强度(kPa)	静力触探锥尖阻力(MPa)	压缩系数$a_{0.1\sim0.2}$(MPa^{-1})
黏质土、有机质土	≥35	≥1.0	宜小于5	宜小于35	宜小于0.75	宜大于0.5
粉质土	≥30	≥液限 ≥0.9	宜小于8			宜大于0.3

(2)软土地基勘察应查明或收集的资料包括以下几个部分:

①沿线及其附近气象、地形地貌、地物、古河道等资料。

②地基的地层结构、种类、成因类型、沉积时代。

③地基各土层的物理、力学、化学性质指标。

④地下水类型、埋深、水位变化、流动性等。

⑤临水路基附近的水文资料。

⑥路堤填料的种类、击实土的重度和抗剪强度指标等。

(3)软土地基勘察应以钻探、室内试验、静力触探、十字板剪切试验等为主要勘察手段。在利用钻探查明地层分布的基础上,宜利用静力触探、十字板剪切试验查明软土的原位强度。

(4)对于路堤高度大于天然地基极限填土高度的路段,在施工图勘察阶段,静力触探孔、十字板试验孔占勘察孔的比例不宜小于60%。

（5）勘察孔布置应符合下列要求：

①道路勘探点宜沿道路中线布置。当一般路基的道路宽度大于50m、其他路基形式的道路宽度大于30m时，宜在道路两侧交错布置勘探点；当路基岩土条件特别复杂时，应布置横剖面。

②城市道路一般路基间距宜为50~100m，高路堤、陡坡路堤、路堑、支挡结构间距宜为30~50m。

③每个地貌单元、不同地貌单元交界部位、相同地貌内的不同工程地质单元均应布置勘探点，在微地貌和地层变化较大的地段应予以加密。

④路堑、陡坡路堤及支挡工程的勘察，应在代表性的区段布设工程地质横断面，每条横断面上的勘探点不应少于2个。

⑤控制性钻孔数量不宜少于总勘察孔数量的1/3。

⑥桥头、通道、涵洞、挡土墙、路堤高度大于5m的软基路段应布设控制性钻孔。

（6）勘察孔深度应符合下列要求：

①控制性钻孔应进入强风化基岩或深度大于60m。

②其他勘察孔应穿透软土层或深度大于40m。

（7）用于土工试验的软土取样应符合下列要求：

①地面以下10m内，应沿深度每1m取一组样品，10~20m内应沿深度每1.5m取一组样品，20m以下可每2m取一组样品。

②软土取样应利用薄壁取土器采用压入法，极软淤泥宜采用固定活塞式取土器，取土器长度应大于500mm。

③土样应密封后置于防振的样品箱内，不应平放和倒置，不宜长期存放。

（8）设计阶段未完成的勘察孔应在正式施工前完成。

2.2 马鞍岛北部软土层概况

2.2.1 地形地貌

翠亨新区马鞍岛北部包括西一围、东一围、军垦围和烂山围，见附图。区域陆域形成时间较早，已陆续开发建设，主要为人工改造地貌，大部分路段已人工整平，局部为现状道路，地势整体较为平坦，局部稍有起伏。

2.2.2 地质构造

根据区域资料分析，区域内无深大断裂或活动性断裂、破碎带等不良地质构造，区域地表未发现明显的地质构造现象，区域基底基本稳定。

2.2.3 地层岩性

该区域原始地貌为海陆交互相三角洲沉积平原，地势平坦开阔，地表水系较发育，地面高程一般为-2.19~9.24m。

以马鞍岛北部崇义街2020年10月地质勘察情况为例,崇义街地质剖面图如图2-1所示,地层自上而下分述如下:

①₁填土:灰色、灰黄色、褐黄色,主要由花岗岩风化层组成,可塑,土质不均匀,硬杂质含量大于25%,含粉细砂、碎石、块石、角砾,稍湿~饱和,松散~稍压实状,厚度2.5~6.3m,平均厚度3.84m。建议本层地基承载力基本容许值$[f_{a_0}]=50$kPa。

②₂淤泥质土:深灰色、灰黑色,流塑~软塑,以黏粒为主,土质不均匀,断续夹薄层粉细砂,局部含腐殖质及贝壳碎屑,含有机质,有腥臭味,具有灵敏度高、压缩性大、强度低、物理力学性质差、承载力低等特性,未经处理不宜作为建筑物基础的天然地基持力层,厚度11.5~18.5m,平均厚度14.51m。建议本层地基承载力基本容许值$[f_{a_0}]=46$kPa,其物理力学指标统计见表2-2。

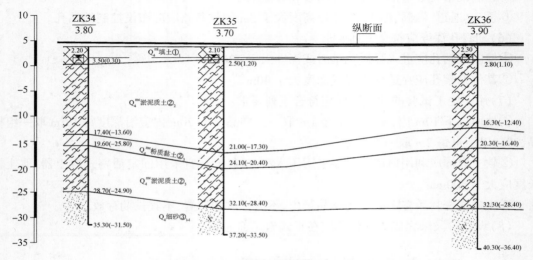

图2-1 崇义街地质剖面图(尺寸单位:m)

崇义街②₂淤泥质土物理力学指标统计表 表2-2

指标	样本容量n	分布区间	平均值	标准差	变异系数
含水率w(%)	16	47.3~53.6	50.9	1.767	0.035
孔隙比e	16	1.297~1.488	1.393	0.062	0.044
液限w_L	16	43.2~47.8	45.6	1.221	0.027
塑限w_P	16	27~30.5	28.6	0.912	0.032
塑性指数I_P	16	12.7~18.9	17	1.445	0.085
饱和度S_r(%)	16	90.9~97.1	95.2	1.786	0.019
黏聚力c_q(kPa)	16	3.7~5.1	4.4	0.392	0.09
内摩擦角φ_q(°)	16	3.1~4.4	3.7	0.32	0.087
压缩系数a_{1-2}(MPa^{-1})	16	1.2~1.49	1.318	0.086	0.065
压缩模量E_{1-2}(MPa)	16	1.67~1.98	1.82	0.08	0.044
灵敏度S_t	51	3.01~3.53	3.19	——	——

②₃ 粉质黏土:灰黄色、浅灰色,软可塑状,土质不均匀,主要由黏粒和粉粒组成,局部含较多细砂,韧性及干强度中等,埋深较大,分布不均匀,局部缺失,不宜作为基础持力层,厚度2.2~6.8m,平均厚度4.19m。建议本层地基承载力基本容许值$[f_{a_0}]$=115kPa。

②₅ 淤泥质土:深灰色、灰黑色,软塑,以黏粒为主,土质不均匀,含大量粉细砂,含少量腐殖质及贝壳碎屑,含有机质,有腥臭味,具有灵敏度高、压缩性大、强度低、物理力学性质差、承载力低等特性,未经处理不宜直接作为建筑物基础的天然地基持力层,厚度5~12.1m,平均厚度9.56m。建议本层地基承载力基本容许值$[f_{a_0}]$=60kPa,其物理力学指标统计见表2-3。

崇义街②₅淤泥质土物理力学指标统计表 表2-3

指标	样本容量 n	分布区间	平均值	标准差	变异系数
含水率 w(%)	6	46.5~47.4	47.1	0.35	0.007
孔隙比 e	6	1.28~1.334	1.299	0.019	0.015
液限 w_L	6	44.8~46.4	45.7	0.698	0.015
塑限 w_P	6	27.2~29.9	28.2	0.979	0.035
塑性指数 I_P	6	15~18.7	17.6	1.34	0.076
饱和度 S_r(%)	6	93.3~96.1	95.3	1.003	0.011
黏聚力 c_q(kPa)	6	4.8~5.4	5.1	0.216	0.043
内摩擦角 φ_q(°)	6	3.5~4.6	4.2	0.408	0.098
压缩系数 a_{1-2}(MPa^{-1})	6	1.11~1.23	1.173	0.05	0.043
压缩模量 E_{1-2}(MPa)	6	1.89~2.07	1.96	0.077	0.039
灵敏度 S_t	16	3.03~3.36	3.18	—	—

③₁ 粉质黏土:灰黄色、灰褐色、浅灰色,可塑~硬塑,土质不均匀,含细砂,主要由黏粒和粉粒组成,韧性及干强度中等,厚度5.2~16m,平均厚度8.78m。建议本层地基承载力基本容许值$[f_{a_0}]$=200kPa。

③₁₋₁ 细砂:灰白色、黄褐色,饱和,中密,以石英质砂为主,含大量黏粒,局部含砾。厚度5.1~8m,平均厚度6.48m。建议本层地基承载力基本容许值$[f_{a_0}]$=140kPa。

③₂ 中砂:深灰色、黄褐色,饱和,中密,以石英质中粗砂为主,局部含少量黏粒,平均厚度6.9m 建议本层地基承载力基本容许值$[f_{a_0}]$=168kPa。

2.2.4 水文地质

本区域主要地下水类型为第四系含水层中上层滞水、孔隙水与基岩裂隙水三类。上层滞水主要赋存在填土层中,主要受大气降水影响,含水量不大,其补给来源主要为大气降水及地表水下渗,填土层中上层滞水水位主要受季节及大气降水影响。孔隙水分为潜水、承压水两层。潜水含水层主要为上部砂层,主要以大气降水下渗及外围含水层横向补给为主,含水量一般;下部砂层具承压性,地下水主要受横向补给,与现茅龙水道、横三涌具一定的水力联系,含水层补给来源丰富,含水层厚度大,水量丰富。深部基岩裂隙水受岩层破碎程度影响,由于裂隙与第四系含水层有一定联系,故基岩裂隙水主要从第四系含水层及附近含水层补给,因此基岩裂隙水含量比较丰富。

2.2.5 地震效应

据测试结果,等效剪切波速小于 150m/s,为软弱土,覆盖层厚度在 50~80m 之间,依据《建筑抗震设计规范》(GB 50011—2010)(2016 年版),建筑场地类别属于 Ⅲ 类,地震动峰值加速度为 0.125g,反应谱特征周期 T_g 为 0.45s。

2.2.6 不良地质评价

1)地震液化评价

区域抗震设防烈度为 7 度,地面以下 20m 范围内虽存在淤泥质粉砂层,但其黏粒含量大于 10%,依据《建筑抗震设计规范》(GB 50011—2010)(2016 年版),其为不液化土层,因此,不存在液化地层,但依据工程经验,在强震作用下亦会产生轻微液化现象。

2)软土震陷评价

区域浅部普遍发育有海陆交互沉积相的淤泥、淤泥质土层,但其等效剪切波速值均大于 90m/s,根据《软土地区岩土工程勘察规程》(JGJ 83—2011),可不考虑软土震陷影响。

3)抗震评价

区域内未见岩溶、滑坡、危岩、崩塌、岩堆、泥石流、液化等不良地质现象,但分布有深厚软弱土,属抗震不利地段。

2.2.7 特殊性岩土特征与评价

特殊性岩土主要为人工填土、软土和风化残积土,其中风化残积土主要分布在地表以下一定深度范围内,埋藏较深,对工程建设影响不大。

1)填土

根据工程地质调绘和钻探成果,该区域内人工填土广泛分布,主要为近期回填土,填筑年限一般为 5~10 年,局部为建筑垃圾,土质不均匀,压缩系数较大,承载力较低,未经处理不可作为构筑物地基持力层,建议对其进行清除、换填或夯实处理,作桩基础时不考虑该层侧摩阻力。

2)软土

区域内分布较深厚软弱土,主要为淤泥质粉砂和淤泥质土层,厚度较大,其物理性质较差且不均匀,承载力低,具高含水率、大孔隙比、高压缩性、欠固结、弱透水性、高流变性等特点,对地基均匀性和承载力有一定影响,作路基时易产生不均匀沉降、过量沉降、路堤失稳及桥头跳车等现象。

马鞍岛北部地区崇义街岩土力学指标见表2-4。

马鞍岛北部地区崇义街岩土力学指标表   表2-4

序号	地层编号	岩土名称	地基承载力特征值 $[f_{a_0}]$(kPa)	基底摩擦系数 f	压缩模量 E_s(MPa)	重度 γ(kN/cm³)	黏聚力 c(kPa)	内摩擦角 φ(°)
				推荐值	平均值		标准值	
1	①₁	填土	50	0.32	4.63	18.3	18.9	16.2
2	②₂	淤泥质土	46	0.25	1.79	16.5	4.3	3.6
3	②₃	粉质黏土	115	0.30	4.45	18.6	17.7	12.4
4	②₅	淤泥质土	60	—	1.95	16.9	5.0	4.0
5	③₁	粉质黏土	200	—	4.60	18.7	18.0	13.3
6	③₁₋₁	细砂	140	—	$E_0=36$	19.1	0	30
7	③₂	中砂	168	—	$E_0=31$	19.5	0	31

2.3 马鞍岛中部软土层概况

2.3.1 地形地貌

翠亨新区马鞍岛中部包括西二围、西三围、东二围、东三围和东四围,见附图。该区域陆域形成时间较北部区域稍晚,开发建设程度较小,地表已有的建(构)筑物较少。该区域地势整体平坦,部分区域仍在进行平整,地面高程1.19~10.76m。地形稍有变化。

2.3.2 地质构造

根据勘察成果及区域地质资料,未见断裂构造形迹,地质构造稳定。路基范围内覆盖层较厚,未揭示岩层节理裂隙发育规律。

2.3.3 地层岩性

以马鞍岛中部西三围2021年1月地质勘察报告、西三围钻孔资料及调绘资料为例,西三围仁爱路地质剖面图如图2-2所示,钻孔揭露岩土层分述如下:

①₁ 素填土(Q_4^{ml}):灰黄色,松散~稍密状,稍湿,局部路段层顶0.3m为素混凝土;主要由黏性土及少量碎、块石组成,粒径一般为0.5~5cm,含量约30%,呈次棱角状,碎块石成分以素混凝土、花岗岩为主;大部分布,厚度1.00~17.30m,平均厚度8.75m。

①₂ 杂填土(Q_4^{ml}):杂色,松散,稍湿;主要由黏性土及建筑垃圾等组成,局部夹大块石;大部分布,厚度2.80~16.30m,平均厚度8.03m。

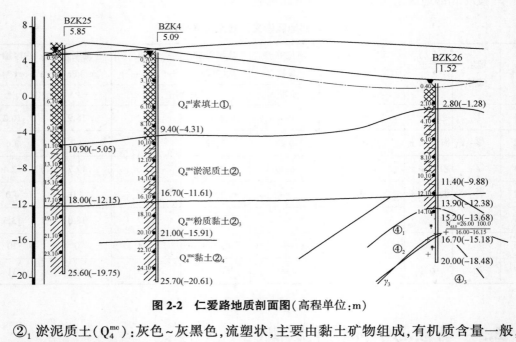

图 2-2　仁爱路地质剖面图（高程单位：m）

②$_1$ 淤泥质土（Q$_4^{mc}$）：灰色~灰黑色，流塑状，主要由黏土矿物组成，有机质含量一般，局部见少量的贝壳碎屑及腐殖物，有腥臭味，均匀性尚可，局部可相变为淤泥及淤泥质黏土；韧性及干强度低，切面稍具光泽，无摇振反应；全场分布，厚度 1.00~34.80m，平均厚度 10.38m，其物理力学指标统计见表 2-5。

西三围②$_1$ 淤泥质土物理力学指标统计表　　　　　　　　　表 2-5

指标	样本容量 n	分布区间	平均值	标准差	变异系数
含水率 w（%）	894	37.9~87	52	8.568	0.165
孔隙比 e	865	1.025~2.262	1.373	0.199	0.145
液限 w_L	894	34~62.5	43.9	5.368	0.122
塑限 w_P	894	20.5~38	27.5	2.910	0.106
塑性指数 I_P	894	10.1~28.9	16.4	3.181	0.194
饱和度 S_r（%）	100	76.7~100	98.2	1.313	0.013
垂直渗透系数 k_v（10^{-6}cm/s）	23	0.008~0.982	0.75	0.266	0.355
黏聚力 c_q（kPa）	652	1.7~7.5	4.5	1.097	0.244
内摩擦角 φ_q（°）	652	1.8~6.3	3.7	0.916	0.248
压缩系数 a_{1-2}（MPa^{-1}）	865	0.74~2.6	1.205	0.255	0.212
压缩模量 E_{1-2}（MPa）	865	1.17~2.98	2.03	0.308	0.152

注：表中西三围指标样本来自仁爱路、海月路、品尚街、思洋街、和运路、思康街及仁济街。

②$_2$ 中砂(Q_4^{mc}):黄褐色,中密,饱和,主要由石英、长石等矿物组成,一般粒径 0.3~0.5mm,约占 70%,部分夹杂粗砂砾砂,级配不均;局部分布,厚度 0.90~7.80m,平均厚度 4.07m。

②$_3$ 粉质黏土(Q_4^{mc}):褐黄色为主,可塑状,由黏土矿物组成,局部砂质含量较高,干强度及韧性中等,切面稍具光泽;全场分布,厚度 0.80~19.50m,平均厚度 5.51m。

②$_4$ 黏土(Q_4^{mc}):灰色,可塑状,湿,主要由黏土矿物组成,含少量有机质,土质黏性较好,干强度及韧性中等,切面稍具光泽;局部分布,厚度 1.10~11.60m,平均厚度 4.97m。

②$_5$ 砾砂(Q_4^{mc}):黄褐色,中密,饱和,主要由石英、长石等矿物组成,一般粒径 4~9mm,约占 50%,部分夹杂粗砂细砂,级配不均;零星分布,厚度 4.50~6.40m,平均厚度 5.23m。

②$_6$ 细砂(Q_4^{mc}):黄褐色,稍密,饱和,主要由石英、长石等矿物组成,含少许黏粒,约 15% 为黏性土,级配一般;零星分布,厚度 1.30~8.20m,平均厚度 3.44m。

③砂质黏性土(Q^{el}):中细粒花岗岩原地风化残留产物,以褐黄色为主,湿~饱和,可塑状,局部呈软塑或硬塑状,主要由黏-粉粒、石英颗粒及暗色矿物组成,以黏性土为主,中细砂含量约 10%,该层遇水易崩解软化;局部分布,厚度 0.50~13.40m,平均厚度 4.41m。

2.3.4 水文地质

本区域地处三角洲平原,地下水为第四系松散岩类孔隙潜水、全新统孔隙承压含水层及第四系残积层孔隙潜水含水层。

第四系松散岩类孔隙潜水,水量丰富,主要赋存于淤泥质土及粉质黏土中,为弱透水层,以大气降水、侧向径流为主要补给方式,以蒸发、侧向径流为排泄途径,水位埋深较浅。全新统孔隙承压含水层,主要分布于平原区中部,含水层组以海陆交互中粗砂层,水量微弱,具承压性,呈透镜体分布。第四系残积层孔隙潜水含水层,主要分布于平原区基岩上部,含水层岩性为砂质黏性土,透水层透水性一般,富水性差。

2.3.5 地震效应

以西三围为例,勘察共实施 6 个钻孔单孔剪切波速测试试验,根据单孔测试波速测试成果报告,20m 范围内土层平均等效剪切波速为 135.03~165.10m/s。

西三围土类型为中弱土,根据勘察钻孔资料,覆盖层厚度 3~50m,场地类别为Ⅱ类,划分为对建筑抗震一般地段,地震动峰值加速度调整系数 F_a 为 1.0,对应的反应谱特征周期为 0.35s。

2.3.6 不良地质

1)砂土液化

西三围区域内饱和砂土液化等级为不液化~轻微液化。

2)软土震陷

区域内广泛分布软土,埋藏浅,局部厚度较大,根据波速测试成果图,20m 范围以内的平均剪切波速在 135.03~165.10m/s 之间,地震基本烈度为 7 度,参照《岩土工程勘察规范》(GB 50021—2001)(2009 年版),区域内涉及的软土层可不考虑软土震陷影响。

2.3.7　特殊性岩土特征与评价

区域内特殊性岩土主要为人工填土、软土、风化岩及残积土。

1)人工填土

区域内分布人工填土,填土厚度 1.00~16.30m,主要为粉质黏土、碎石、砾石及砂等组成,土质差,建议结合软基加固对松散素填土一并进行处理。

2)软土

区域内广泛分布软土,呈灰色、流塑状,含水率高、灵敏度高、压缩性高、孔隙比较大、抗剪强度低、地基基本承载力容许值低,处理不当可能产生严重不良病害。

3)风化岩及残积土

区域内基岩原岩为燕山期侵入花岗岩,其长期风化作用而残留在原地,形成厚度不等的花岗岩残积土。花岗岩残积土与全风化花岗岩呈过渡接触,一般从上部向下部由细变粗、强度由低变高。土层具有土质不均匀、较大孔隙等特征,厚度变化较大。

当花岗岩残积土、全风化花岗岩作为路基填料使用时,根据地区经验,经初步分层压实、人工整平后的路基,承载力稍低,稳定性和均匀性较差,应进行地基处理。

马鞍岛中部地区西三围岩的力学指标统计见表 2-6。

马鞍岛中部地区西三围岩土力学指标表　　　　　　　　　　　表 2-6

序号	年代成因	地层编号	岩土名称	预制桩桩侧摩阻力标准值 q_{ik}(kPa)	钻孔桩侧摩阻力标准值 q_{ik}(kPa)	地基承载力特征值 $[f_{a_0}]$(kPa)	基底摩擦系数 f 推荐值	压缩模量 E_s(MPa) 平均值	重度 γ(kN/m³) 平均值	黏聚力 c(kPa) 标准值	内摩擦角 φ(°) 标准值
1	Q^{ml}	①₁	素填土	—	12	80	0.25	4.0	18	14.5	11.6
2		②₁	淤泥质土	22	20	50	0.18	2.0	16	4.4	3.6
3		②₂	中砂	55	45	160	0.40	20			35
4	Q_4^{mc}	②₃	粉质黏土	45	35	140	0.20	4.0	18	21.2	13.7
5		②₄	黏土	40	30	130	0.30	4.0	17.5	15.3	9.6
6		②₅	砾砂	60	55	260	0.45	22	20	—	40
7		②₆	细砂	35	32	180	0.30	16	19	—	30
8	Q^{el}	③	砂质黏性土	55	50	220	0.3	5.0	18	23.2	24.4

注:表中西三围包含仁爱路、海月路、品尚街、思洋街、和运路、思康街及仁济街。

2.4 马鞍岛南部软土层概况

2.4.1 地形地貌

翠亨新区马鞍岛南部片区包括西四围、西五围、东五围、东六围片区,见附图。该区域较北部、中部区域陆域形成时间最晚,大部分为吹填形成的沼泽、滩涂,地表已有建(构)筑物很少。地形稍有起伏,地面高程 4.20~8.15m。

2.4.2 地质构造

根据勘察成果及区域地质资料,区域内未见断裂构造形迹,地质构造稳定。路基范围内覆盖层较厚,未揭示岩层节理裂隙发育规律。区域分布有软土层,在采取合适的工程措施后,适宜项目建设。

2.4.3 地层岩性

以马鞍岛南部西五围2021年1月地质勘察报告、西五围钻孔资料及调绘资料为例,西五围宁静路地质剖面图如图2-3所示,钻孔揭露岩土层分述如下:

①$_1$ 素填土(Q_4^{ml}):灰黄色,松散~稍密状,稍湿,主要由黏性土及少量碎、块石组成,粒径一般为 0.5~5cm,含量 10%~30%,呈次棱角状,碎块石成分以花岗岩为主;大部分布,厚度0.70~20.00m,平均厚度5.56m。

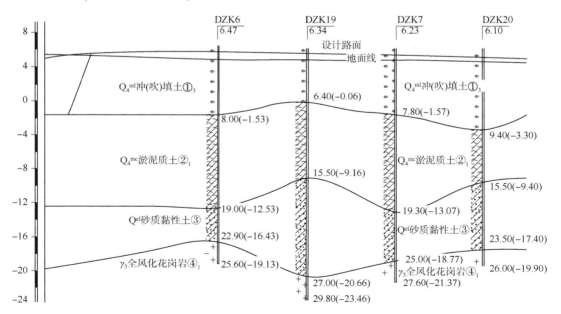

图 2-3 宁静路地质剖面图(高程单位:m)

①$_3$ 冲(吹)填土(Q_4^{ml}):杂色,松散,稍湿;主要由粉砂、细砂、黏性土及淤泥质土等组成;大部分布,厚度 1.80~11.40m,平均厚度 2.4m。

②$_1$ 淤泥质土(Q_4^{mc}):灰色~灰黑色,流塑状,主要由黏土矿物组成,有机质含量一般,局部见少量的贝壳碎屑及腐殖物,有腥臭味,均匀性尚可,局部可相变为淤泥及淤泥质黏土;韧性及干强度低,切面稍具光泽,无摇振反应;全场分布,厚度 2.40~28.20m,平均厚度 12.78m。其物理力学指标统计见表 2-7。

西五围②$_1$ 淤泥质土物理力学指标统计表　　表 2-7

指标	样本容量 n	分布区间	平均值	标准差	变异系数
含水率 w(%)	714	29.6~79.7	58.5	9.453	0.162
孔隙比 e	714	0.881~2.181	1.550	0.243	0.157
液限 w_L	714	34.3~61.3	48.1	5.93	0.123
塑限 w_P	714	20.7~39.2	29.4	3.623	0.123
塑性指数 I_P	714	11.7~23.5	18.7	3.078	0.165
水平渗透系数 k_h(10^{-6}cm/s)	2	0.925~0.941	0.933	—	—
垂直渗透系数 k_v(10^{-6}cm/s)	33	0.326~0.974	0.728	0.202	0.277
黏聚力 c_q(kPa)	340	1.5~29.4	4.1	2.02	0.487
内摩擦角 φ_q(°)	340	1.4~31.2	3.3	1.925	0.577
压缩系数 a_{1-2}(MPa^{-1})	709	0.53~2.88	1.449	0.297	0.205
压缩模量 E_{1-2}(MPa)	709	0.97~4.24	1.8	0.311	0.173

注:表中西五围指标样本来自宁静路、万晖街、万吉街、万象街及致远路。

②$_2$ 中砂(Q_4^{mc}):黄褐色,松散,饱和,主要由石英、长石等矿物组成,一般粒径 0.3~0.5mm,约占 70%,部分夹杂粗砂砾砂,级配不均;局部分布,厚度 0.60~3.90m,平均厚度 2.26m。

②$_3$ 粉质黏土(Q_4^{mc}):褐黄色为主,可塑状,主要由黏土矿物组成,局部砂质含量较高,干强度及韧性中等,切面稍具光泽;全场分布,厚度 0.80~6.80m,平均厚度 2.96m。

②$_6$ 细砂(Q_4^{mc}):黄褐色,稍密,饱和,主要由石英、长石等矿物组成,含少许黏粒,约 15% 为黏性土,级配一般;零星分布,厚度 0.6~5.60m,平均厚度 2.52m。

③砂质黏性土(Q^{el}):中细粒花岗岩原地风化残留产物,以褐黄色为主,湿~饱和,可塑状,局部呈软塑或硬塑状,主要由长石风化的黏-粉粒、石英颗粒及暗色矿物组成,以黏性土为主,中细砂含量约 10%,该层遇水易崩解软化。局部分布,厚度 0.60~26.00m,平均厚度 8.97m。

2.4.4　水文地质

本区域地下水主要为第四系松散层孔隙潜水,水量丰富,主要赋存于淤泥质土及粉质黏土中,为弱透水层,以大气降水、侧向径流为主要补给方式,以蒸发、侧向径流为排泄途径。水位埋深较浅,基本为沼泽,勘察期间最大高差约 3.9m。

1)水腐蚀性

对西五围共采取水样 5 组,根据所取水样试验成果资料分析,依据《公路工程地质勘察规范》(JTG C20—2011)附录 K 进行判别,结果表明:线路范围地表水、地下水对混凝土结构腐蚀性作用等级为微腐蚀性,地下水、地表水对干湿交替环境中混凝土结构中钢筋腐蚀性作用等级为中-强腐蚀性。

2)土腐蚀性

西五围取土样 3 组,根据所取土样试验成果资料分析,依据《公路工程地质勘察规范》(JTG C20—2011)附录 K 进行判别,结果表明:土对混凝土结构、钢筋结构具有微腐蚀性,对钢筋混凝土中的钢筋具有微腐蚀性。

2.4.5 地震效应

根据单孔测试波速测试成果报告,20m 范围内土层平均等效剪切波速为 135.03～165.10m/s。根据勘察钻孔资料,覆盖层厚度在 15～80m 之间,场地类别为 III 类,划分为对建筑抗震不利地段,地震动峰值加速度调整系数 F_a 为 1.25,对应的反应谱特征周期为 0.45s。

2.4.6 不良地质

1)砂土液化

抗震设防烈度为 7 度,地震动峰加速度值为 0.1g。依据《建筑抗震设计规范》(GB 50011—2010)(2016 年版),地震动峰值加速度 ≥0.1g 的地区,地面以下 20m 内有饱和砂土、粉土时需进行判别,本区域饱和砂土液化等级为不液化～严重液化,严重液化的砂土为表层的冲(吹)填土层。

2)软土震陷

区域内广泛分布软土,埋藏浅,局部厚度较大,根据波速测试成果图可知,20m 范围以内的平均剪切波速在 135.03～165.10m/s 之间,地震基本烈度为 7 度,参照《岩土工程勘察规范》(GB 50021—2001)(2009 年版),该工程涉及的软土层可不考虑软土震陷的影响。

2.4.7 特殊性岩土特征与评价

区域特殊性岩土主要为人工填土、软土、风化岩及残积土。

1)人工填土

区域内全场分布人工填土,填土厚度 0.70～20.00m,主要为粉质黏土、碎石、砾石及砂,土质差,建议结合软基加固对松散素填土一并进行处理。

冲(吹)填土,厚度 1.80～11.40m,厚度不均,主要为粉砂、细砂、淤泥质土等组成,大部分表层的人工填土层属于淤泥质土,流泥状,土质性质差,建议换填、固化处理,经固结后对软基加固一并进行处理。

2)软土

区域内广泛分布软土,厚度较大,软土含水率高、灵敏度高、压缩性高、孔隙比较大、抗剪强度低、地基基本承载力容许值低。

3）风化岩及残积土

本路基段基岩原岩为燕山期侵入花岗岩，其长期风化作用而残留在原地形成厚度不等的花岗岩残积土，其与全风化花岗岩呈过渡接触，一般从上部向下部由细变粗、强度由低变高，具有土质不均匀、较大孔隙等特征，其厚度变化较大。残积土和全风化层物理性质相差不大。

花岗岩残积土、全风化岩的特殊性可归结为"两高两低"，即高孔隙比、高强度、低密度和中低压缩性。花岗岩残积土、全风化岩一般处于可塑或硬塑状态，矿物成分以高岭石和石英为主，局部地段发育球状风化现象。

当花岗岩残积土、全风化花岗岩作为路基填料使用时，根据地区经验，经初步分层压实、人工整平后的路基，承载力稍低，稳定性和均匀性较差，应进行地基处理。

马鞍岛南部地区西五围岩土力学指标统计见表2-8。

马鞍岛南部地区西五围岩土力学指标表 　　　　表 2-8

序号	年代成因	地层编号	岩土名称	预制桩桩侧摩阻力标准值 q_{ik}(kPa)	钻孔桩侧摩阻力标准值 q_{ik}(kPa)	地基承载力特征值 $[f_{a_0}]$(kPa)	压缩模量 E_s(MPa)	基底摩擦系数 f	重度 γ (kN/m³)	黏聚力 c(kPa)	内摩擦角 φ(°)
							平均值			标准值	
1	Q^ml	①₁	素填土		12	80	3.5	0.25	18	13.1	10.7
2		②₁	淤泥质土	22	20	50	1.7	0.18	15.5	4.0	3.2
3		②₂	中砂	55	45	160	20	0.40	19	—	35
4	Q₄^mc	②₃	粉质黏性	45	35	140	4.0	0.20	18	21.8	14.4
5		②₅	砾砂	60	55	260	22	0.45	20	—	40
6		②₆	细砂	35	32	180	16	0.30	19	—	30
7	Q^el	③	砂质黏性土	55	50	220	5.0	0.3	19	24.2	26.2

注：1. 表中西五围包含宁静路、万晖街、万吉街、万象街及致远路。

2. 勘察资料来自《翠亨新区科学城片区配套市政路网建设工程施工图设计阶段工程地质勘察报告》，2021 年 1 月。

2.5　马鞍岛软土层特性分析

马鞍岛大部分区域由近几十年来人工疏浚吹填形成，吹填土土质差、含水率高。马鞍岛淤泥质土物理力学指标见表2-9。

马鞍岛北部、中部、南部淤泥质土物理力学指标统计表 　　　　表 2-9

指标	马鞍岛北部		马鞍岛中部		马鞍岛南部	
	分布区间	平均值	分布区间	平均值	分布区间	平均值
含水率 w(%)	46.5~47.4	47.1	37.9~87	52	29.6~79.7	58.5
孔隙比 e	1.28~1.334	1.299	1.025~2.262	1.373	0.881~2.181	1.550

续上表

指标	马鞍岛北部		马鞍岛中部		马鞍岛南部	
	分布区间	平均值	分布区间	平均值	分布区间	平均值
液限 w_L	44.8~46.4	45.7	34~62.5	43.9	34.3~61.3	48.1
塑限 w_P	27.2~29.9	28.2	20.5~38	27.5	20.7~39.2	29.4
塑性指数 I_P	15~18.7	17.6	10.1~28.9	16.4	11.7~23.5	18.7
饱和度 S_r(%)	93.3~96.1	95.3	76.7~100	98.2	76.7~100	98.2
垂直渗透系数 k_v(10^{-6}cm/s)	4.8~5.4	5.1	0.008~0.982	0.75	0.326~0.974	0.728
黏聚力 c_q(kPa)	3.5~4.6	4.2	1.7~7.5	4.5	1.5~29.4	4.1
内摩擦角 φ_q(°)	1.11~1.23	1.173	1.8~6.3	3.7	1.4~31.2	3.3
压缩系数 a_{1-2}(MPa^{-1})	1.89~2.07	1.96	0.74~2.6	1.205	0.53~2.88	1.449
压缩模量 E_{1-2}(MPa)	3.03~3.36	3.18	1.17~2.98	2.03	0.97~4.24	1.8
平均厚度(m)	5~12.1	9.56	1.00~34.80	10.38	2.40~28.20	12.78

马鞍岛北部、中部、南部软土层特性分别如下：

（1）马鞍岛北部

马鞍岛北部软土主要为淤泥质土。淤泥质土呈流塑-软塑状，具层理，夹粉细砂薄层，含贝壳、有机质，有机质含量约4.29%，有异味，一般分上下两层，上层厚度一般为1.60~27.60m，下层厚度为1.90~14.10m，厚度变化大；部分仅揭露一层，厚度2.40~8.90m。

（2）马鞍岛中部

马鞍岛中部软土主要为淤泥质土，流塑状，主要由黏土矿物组成，有机质含量平均3.08%，局部见少量的贝壳碎屑及腐殖物，具腥臭味，均匀性尚可，局部为淤泥及淤泥质黏土；韧性及干强度低，切面稍具光泽，无摇振反应，层厚1.00~34.80m。下卧粉质黏土、黏土、中砂、砂质黏性土、全风化花岗岩。

（3）马鞍岛南部

马鞍岛南部软土主要为淤泥质土，部分为淤泥。淤泥呈流塑状，强度低，压缩性高，抗剪强度低，渗透性差，具流变、触变特征，有机质含量在2.91%~3.64%，平均3.15%，灵敏度2.24~3.45，平均2.49。层厚4.80~38.00m，平均厚度为22.44m。淤泥质土，流塑状，主要由黏土矿物组成，有机质含量一般，局部见少量的贝壳碎屑及腐殖物，具腥臭味，均匀性尚可，局部为淤泥及淤泥质黏土；韧性及干强度低，切面稍具光泽，无摇振反应，层厚2.40~28.20m，有机质含量平均3.04%。下卧粉质黏土、黏土、中砂、砂质黏性土、全风化花岗岩。

整体来说，马鞍岛围海造陆区域岩土呈现以下几个特点：

（1）含水率高，饱和度大，天然孔隙比大

马鞍岛软土的含水率高、孔隙比较大，w 一般大于35%，统计均值为54.6%，马鞍岛中部区域 w 最大可达87%；马鞍岛北部软土含水率平均值为47.1%，中部为52%，南部58.5%，含水率的统计均值呈现出南部大、北部小的特点。

饱和度 S_r 为76.7%~100%，统计均值为97.2%。孔隙比 e 一般在0.88~2.26，统计均值

为 1.45。马鞍岛北部软土孔隙比为 1.299,中部为 1.373,南部为 1.550,孔隙比由北往南逐渐增大。由土体的物理力学机理可知,软土的高含水率和大孔隙比不仅反映土中矿物成分与介质相互作用的性质,同时也反映软土的抗剪强度和压缩性的大小,含水量越大,将导致土的抗剪强度越小,压缩性越大。

(2)土层垂直方向的渗透系数低

土层在垂直方向的渗透系数为 $(0.008 \sim 0.982) \times 10^{-6}$ cm/s,使得土体在荷载作用下固结速率很慢,强度难以提高。马鞍岛中部垂直方向渗透系数为 0.75×10^{-6} cm/s,南部垂直方向渗透系数为 0.728×10^{-6} cm/s,南部垂直方向渗透系数比中部低。统计结果还表明,水平方向的渗透系数与垂直方向差别不大,一般在 $(0.925 \sim 0.941) \times 10^{-6}$ cm/s。

(3)抗剪强度低

试验结果表明,马鞍岛软土的黏聚力 c_q 为 $1.5 \sim 29.4$ kPa,均值为 4.4kPa,其值随着土层的深度而提高。马鞍岛北部软土的黏聚力 5.1kPa,中部 4.5kPa,南部为 4.1kPa。内摩擦角 φ_q 一般较小,马鞍岛北部均值为 $4.1°$,中部均值为 $3.7°$,南部均值为 $3.3°$,但也有个别达 $31.2°$ 的情况。另外,当 $\varphi_q = 13.2°$ 时,软土排水后强度会有明显提高。由北往南,黏聚力 c_q 和内摩擦角 φ_q 逐渐减小。

(4)压缩性高

马鞍岛北部软土的压缩系数均值为 1.173/MPa,中部为 1.205/MPa,南部为 1.449/MPa。由北往南,软土压缩性逐渐增大,软土承担荷载后变形越大,地基沉降越大。

(5)承载力低

马鞍岛地基承载力一般为 $45 \sim 60$ kPa,统计均值为 46kPa,不进行地基加固,岩土一般很难满足工程需要。

(6)结构性强

试验结果表明,马鞍岛地区的灵敏度 S_t 一般在 $3 \sim 4$,马鞍岛地区软土结构性较强,一般为蜂窝状、絮状结构,其中以海相沉积的片架结构黏土为代表,受扰动后其强度会显著降低,甚至呈流动状态。

综合以上分析,马鞍岛软土整体呈现出含水率高、饱和度大、天然孔隙比大、土层垂直方向的渗透系数低、压缩性高、承载力低、结构性强的特征。由北往南,马鞍岛软土的含水率、孔隙比、压缩性逐渐增大,黏聚力和内摩擦角逐渐减小,马鞍岛南部软土特征更具有代表性。

2.6　珠三角南沙地区软土层概况

2.6.1　地形地貌

南沙位于广州市最南端、珠江虎门水道西岸,是西江、北江、东江三江汇集之处,东与东莞市隔江相望,西与中山市、佛山市顺德区接壤,南濒珠江出海口伶仃洋。地势较为平坦,发育深厚软土,地下水位较高。区域水网密布,湖塘众多,总体地势普遍较低。

南沙处于北回归线以南,属亚热带海洋性季风气候区,气候温暖,夏季湿热,有台风,冬季干燥,有寒流。年平均气温在21.8℃,其中以7~8两月气温最高,月平均气温大于28℃,极端高温可达35~38.7℃,1~2月气温最低,月平均气温在13℃,极端低温亦在0℃以上。受亚热带海洋性气候影响,区内雨量充沛,潮湿系数大于1,年降雨量在1600mm,最大可达2500mm,多集中在4~9月,占全年降雨量80%~90%。

以南沙万顷沙某项目为例,项目所在地均为围垦填海形成的陆地,高程约5m。项目沿线地表水系较发达,沿线跨越四涌,河涌水受南海海水顶托,潮差小,为弱潮汐区。南沙万顷沙某项目开工时现场照片如图2-4所示。

图2-4 南沙万顷沙某项目开工时现场照片

2.6.2 地质构造

该项目位于珠江三角洲断陷区,它具有以沉降为主、周边山地抬升的差异性地壳活动特点。根据区域地质资料,场区地质构造简单,场区距区域性深大断裂较远,白坭-沙湾断裂在距项目东北约5km外经过,对项目无影响。

2.6.3 地层岩性

由该工程地质勘察报告可知,南沙万顷沙某项目地质剖面图如图2-5所示,项目所在区域岩土层类型、岩性及状态自上而下划分为:

①$_1$杂填土:揭露于场区部分钻孔;杂色、褐黄色,稍湿,松散,主要由黏性土、砂土、碎石块、混凝土块等建筑垃圾组成,硬质物含量占20%~50%,块径2~7cm,部分钻孔揭露混凝土路面。本层直接出露于地表,层厚0.90~3.40m,平均层厚2.07m。

①$_2$素填土:揭露于场区大部分钻孔;灰色、褐黄色、褐灰色、红褐色,稍湿,松散,主要由黏性土和砂土组成,部分钻孔含少量碎石。本层直接出露于地表或位于杂填土层之下,层厚1.00~6.00m,平均层厚2.86m。

②$_0$淤泥:揭露于场区少部分钻孔;灰色,饱和,流塑,含少量有机质,具臭味,为塘底浮泥,岩芯自重变形严重,呈泥浆状。层厚0.90~3.40m,平均层厚2.64m。

②$_1$淤泥质细砂、细砂:揭露于场区部分钻孔;灰色、灰褐色、深灰色,饱和,松散,粒径较均匀,含少量有机质,具臭味。层厚0.50~8.20m,平均层厚2.85m。

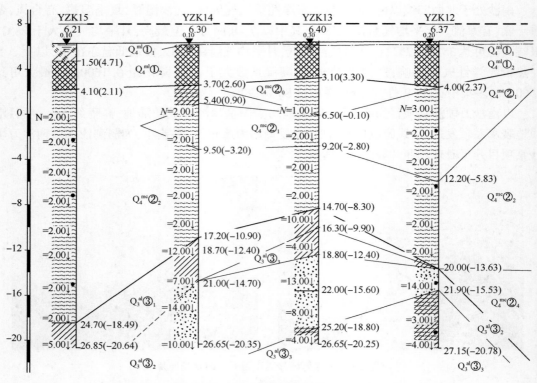

图 2-5　南沙万顷沙某项目地质剖面图（高程单位：m）

②₂ 淤泥：揭露于场区全部钻孔；深灰色、灰色、黑灰色，饱和，流塑，含少量有机质（有机质含量平均 2.7%），具臭味，局部夹薄层粉细砂，局部变相为淤泥质粉质黏土及淤泥质粉土，局部失水固结，呈软~可塑状。层厚 0.70~23.40m，平均层厚 12.48m。其物理力学指标统计表见表 2-10。

②₂ 淤泥物理力学指标统计表　　　　　　　　　　　　表 2-10

指标	样本容量 n	分布区间	平均值
含水率 w（%）	53	42.0~86.2	56.4
孔隙比 e	53	1.098~2.302	1.512
液限 w_L	53	36.4~66.0	52.9
塑限 w_P	53	22.9~44.6	32.9
塑性指数 I_P	53	11.4~27.2	20
黏聚力 c_q（kPa）	35	5~12	8.6
内摩擦角 φ_q（°）	35	3.4~9.8	7.2
压缩系数 a_{1-2}（MPa^{-1}）	38	0.706~2.224	1.425
压缩模量 E_{1-2}（MPa）	38	1.37~3.17	1.91
标准贯入试验锤击数 N（击/30cm）	438	1~4	1.6
标准贯入试验修正锤击数 N（击/30cm）	438	0.7~3.5	1.2

②$_3$ 粉质黏土:揭露于场区部分钻孔;黄褐色、灰黄色、灰色,软塑,局部呈可塑,局部具砂感。层顶埋深3.40~20.90m,层厚0.80~2.90m,平均层厚1.75m。统计标准贯入试验6次,实测锤击数$N=4.0~7.0$击,平均5.3击。

②$_4$ 中砂:揭露于场区部分钻孔;深灰色、灰色、灰黄色,饱和,松散,局部呈稍密状,局部变相为粉细砂。层顶埋深14.6~26.50m,层厚1.10~6.85m,平均层厚2.51m。统计标准贯入试验15次,实测锤击数$N=4.0~11.0$击,平均6.8击。

③$_1$ 粉质黏土:揭露于场区大部分钻孔;黄褐色、褐灰色、灰白色、灰黄色、灰色,可塑,土质不均匀,具砂感,部分为淤泥失水固结形成。层顶埋深14.10~47.80m,层厚0.50~5.90m,平均层厚2.63m。统计标准贯入试验47次,实测锤击数$N=5.0~14.0$击,平均8.9击。

③$_2$ 中砂:分布于场区部分钻孔;灰白色、灰黄色、浅灰色、灰色,饱和,稍密,局部呈松散状,粒径不均匀,层间含少量黏性土。层顶埋深16.80~52.10m,层厚0.90~10.60m,平均层厚3.36m。统计标准贯入试验40次,实测锤击数$N=11.0~15.0$击,平均12.4击。

③$_3$ 淤泥质粉质黏土:揭露于场区全部钻孔;深灰色、灰色,饱和,流塑,含少量有机质,具臭味,局部夹薄层粉细砂,部分钻孔揭露淤泥失水固结,呈可塑状。层顶埋深16.30~49.00m,层厚1.45~29.80m,平均层厚8.66m。统计标准贯入试验194次,实测锤击数$N=1.0~5.0$击,平均3.6击。

③$_4$ 粗砂:揭露于场区少部分钻孔;浅灰色、灰褐色,饱和,中密,局部呈稍密状,粒径不均匀,含少量黏性土。层顶埋深32.10~41.90m,层厚1.50~8.90m,平均层厚5.38m。统计标准贯入试验22次,实测锤击数$N=15.0~21.0$击,平均17.3击。

④$_1$ 砂质黏性土:揭露于场区部分钻孔;浅灰色、褐灰色、青灰色,可塑,为花岗岩风化残积土,遇水易软化崩解。层顶埋深27.50~49.20m,层厚1.50~8.20m,平均层厚3.30m。统计标准贯入试验17次,$N=12.0~15.0$击,平均13.5击。

④$_2$ 砂质黏性土:揭露于场区部分钻孔,呈似层状或透镜状分布;褐红色、褐黄色、褐灰色,硬塑,土质不均匀,为花岗岩风化残积土,遇水易软化崩解。层顶埋深29.80~53.00m,层厚0.50~12.00m,平均层厚5.01m。统计标准贯入试验39次,$N=16.0~29.0$击,平均23.4击。

综上所述,对地基土进行评价,主要包含以下内容:

(1)①$_1$ 杂填土和①$_2$ 素填土层成分复杂,土质不均,为新近填土,压缩性大,承载力低,工程性质差。

(2)②$_0$ 淤泥为塘底浮泥,呈泥浆状,属高压缩性、低强度的软弱土层,含有机质,工程性质差,为特殊性岩土;②$_1$ 淤泥质细砂、细砂呈松散状,承载力较低,工程性质较差;②$_2$ 淤泥呈流塑状,属高压缩性、低强度的软弱土层,在荷载作用下易产生固结沉降,含有机质,工程性质差,为特殊性岩土;②$_3$ 粉质黏土局部呈流塑状,属高压缩性、低强度软弱土层,在荷载作用下易产生固结沉降,含有机质,工程性质差,为特殊性岩土;②$_4$ 中砂呈松散状,承载力一般,属可液化砂层,工程性质较差。

(3)③$_1$ 粉质黏土层呈可塑状,为中等压缩性土,具有一定承载力,工程性质较好;③$_2$ 中砂呈稍密状,透水性较好,承载力较高,工程性质较好;③$_3$ 淤泥质粉质黏土呈流塑状,属高压缩性、低强度的软弱土层,在荷载作用下易产生固结沉降,含有机质,工程性质差;③₄粗砂呈中密状,透水性较好,承载力较高,工程性质较好。

(4)④₁砂质黏性土呈可塑状,为中等压缩性土,承载力较高,工程性质较好;④₂砂质黏性土呈硬塑状,承载力较高,工程性质较好。该残积土层为花岗岩风化残积土,遇水易软化崩解,为特殊性岩土。

(5)地基均匀性评价:本区域岩土种类较多,各土层性质不一,岩土层起伏变化,地基不均匀。

2.6.4 水文地质

本区域所跨越河涌属珠江支流水系,根据区域水文地质资料,河涌属于感潮河道流,潮汐类型为不规则半日潮,最大潮差为每月初一、十五两日前后,最大潮差为 1.8~2.5m,每日有两涨两落,往复流明显。其水位、水质主要受潮流控制:涨潮期随海水的回灌,其水位升高、水质变好,退潮期主要受上游补给的影响,水位下降、水质变差。

本区域地势起伏,地势低平处为地下水径流排泄区,经勘察地下水类型主要有:

(1)上层滞水:人工填土层分布较广,地势低洼地段厚度较大,结构疏松,含上层滞水,但含水率不大,其动态受季节性控制。上层滞水主要接受大气降水的渗入补给。

(2)孔隙潜水、承压水:场区全新统和上更新统砂层透水性良好,厚度较大,含水量丰富,主要为孔隙微承压水,局部含水砂层直接位于人工填土层之下,则为潜水。孔隙水主要接受降雨或地表水的渗入补给和上游地下水的侧向补给。

(3)基岩孔隙裂隙承压水:基岩强~微风化带孔隙裂隙发育,含孔隙裂隙承压水,含水量一般不大。基岩孔隙裂隙水主要接受相邻含水层的越流补给。根据钻孔终孔 24h 后观测,地下水混合稳定水位埋深一般为 0.10~1.80m。

2.6.5 地震效应

(1)本区域位于三角洲冲积平原,软弱松散土层发育,总体应属于建筑抗震不利地段。选取有代表性钻孔,经计算,土层等效剪切波速 $V_{se} \leq 150m/s$,覆盖土厚度一般大于 15m,小于 80m,根据《建筑抗震设计规范》(GB 50011—2010)(2016 年版)划分:应属Ⅲ类场地类别,设计加速度反应谱特征周期为 0.45s。地震动峰值加速度调整系数 F_a 为 1.25,地震动峰值加速度值为 0.10g。

(2)本区域场区淤泥质细砂、细砂(②₁)层为液化土层,地基液化等级主要为中等液化,局部严重液化,当地基中有液化土层时,液化土层的承载力(包括桩侧摩阻力)、土抗力(地基参数)、内摩擦角和黏聚力等,应按土层液化影响折减系数予以折减。对液化土层要进行抗液化处理措施,防止砂土液化。

2.6.6 不良地质

场区的不良地质主要为饱和砂土地震液化和软土震陷。

（1）饱和砂土的地震液化：第四系全新统海陆交互相沉积层的淤泥质细砂、细砂层（②$_1$）经液化判别为液化土。液化土层在强震时由于液化造成地基失稳，是地基稳定性的不利因素，设计时其承载力、桩侧摩阻力、土抗力、抗剪强度指标等，应根据液化折减系数予以折减。

（2）软土震陷：场区抗震设防烈度为7度，软土厚度大且分布广，在强震作用下，有发生软土震陷的可能。

2.6.7　特殊性岩土特征与评价

场区的特殊性岩土主要有人工填土和软土。

（1）人工填土：根据钻探资料分析，人工填土层①主要为杂填土、素填土，呈松散状态为主。人工填土层土质不均匀，地基承载力低，压缩性大，一般不宜直接用作道路基础持力层，经地基加固处理后，可作为道路地基基础持力层。

（2）软土：本区域场区内软土主要为淤泥质粉质黏土。软土呈流塑状态，具有触变性和流变性、含水率高、孔隙比大、压缩性高、渗透性低、灵敏度高、自然固结程度低、固结变形持续时间长、承载能力低的工程性质。在地面荷载作用下或降低地下水位，软土将产生固结沉降，造成工后沉降过大。其次，可能影响水泥土搅拌桩成桩。

南沙万顷沙某项目岩土设计参数建议值见表2-11。

南沙万顷沙某项目岩土设计参数建议值表　　　　表2-11

| 地层编号 | 岩土名称 | 状态 | 天然含水率 w（%） | 重度 γ（kN/m³） | 天然孔隙比 e_0 | 液性指数 I_L | 压缩模量 $E_{s0.1-0.2}$（MPa） | 天然快剪 | | 固结系数 C_V（0.1cm²/s） | 承载力基本容许值 [f_{a_0}]（kPa） |
								内摩擦角 φ_q（快剪）（°）	黏聚力 c_q（快剪）（kPa）		
①$_1$	杂填土	松散	—	18.5	—	—	—	15.0	5.0	—	70
①$_2$	素填土	松散	—	18.0	—	—	—	10.0	10.0	—	70
②$_0$	淤泥	流塑	—	16.0	—	—	1.00	2.0	3.0	—	<30
②$_1$	淤泥质细砂、细砂	松散	—	18.0	—	—	4.00	20.0	5.0	—	70
②$_2$	淤泥	流塑	56.4	16.0	1.512	1.56	2.00	5.0	6.0	0.836	40
②$_3$	粉质黏土	软塑	34.5	18.7	0.959	0.85	4.00	11.0	10.0	—	120
②$_4$	中砂	—	—	19.0	—	—	—	25.0	0	—	—
③$_1$	粉质黏土	可塑	33.3	19.5	0.928	0.62	4.50	12.0	12.0	—	140
③$_2$	中砂	松散	—	19.5	—	—	8.00	25.0	0	—	90
③$_3$	淤泥质粉质黏土	流塑	55.9	16.9	1.553	1.43	2.50	7.0	8.0	—	50
③$_4$	粗砂	中密	—	20.0	—	—	15.00	29.0	0.0	—	180
④$_1$	砂质黏性土	可塑	27.4	18.4	0.779	0.52	4.50	18.0	15.0	—	160
④$_2$	砂质黏性土	硬塑	25.7	19.0	0.759	<0	5.50	20.0	20.0	—	220

注：勘察资料时间2020年4月。

2.7 珠三角横琴地区软土层概况

2.7.1 地形地貌

横琴位于广东省珠海市横琴岛,地处珠海市南部,珠江口西侧,毗邻港澳,南濒南海,北距珠海保税区不到 1km,西接磨刀门水道,与珠海西区一衣带水,东与澳门一桥相通,最短距离处相距不足 200m。横琴与粤港澳大湾区的关系见图 1-1。

横琴处于北回归线以南,属南亚热带季风区,年平均气温 22~23℃,最热月 7 月。平均气温 27.9℃,最冷 1 月,平均气温 15.1℃;海水温度为平均 22.4℃,平均年降水量 2015.9mm,年蓄水量达 3654 万 m³。

以珠海横琴某项目为例。场地处于冲(堆)积平原地貌,地形较平坦,高程为 2.70~4.61m,高差约 1.90m。勘察期间,场地大部分地段已平整。场地宽阔,周边无居民楼或大的建筑物,南侧为剥蚀残山,北侧为马骝洲水道。珠海横琴某项目开工前场地照片如图 2-6 所示。

图 2-6 珠海横琴某项目开工前场地照片

2.7.2 地质构造

珠海地质构造比较复杂,处于珠江三角洲断陷区,主要分布北东向莲花山深断裂带西南段及北西向三洲-西樵山大断裂东南段。莲花山深断裂带属中国东南沿海的政和-大埔断裂带的西南段。三洲-西樵山大断裂位于四会、高明、新会、珠海一线,但本区域场地内未发现明显褶皱、断裂等地质构造。

2.7.3 地层岩性

由地质勘察报告可知,珠海横琴某项目地质剖面图如图 2-7 所示,本区域岩土地质年代、岩性和工程特性分述如下:

(1)①$_1$ 层素填土(Q_4^{ml}):分布较广泛,灰褐色,湿,松散状,由砂土组成,局部地段含黏性土、粉土或少量碎块,新近人工填土,吹填土,吹填年限<1 年,未固结。厚度为 2.00~10.30m,平均厚度为 5.74m。

(2)①$_2$ 层杂填土(Q_4^{ml}):分布较广泛,杂色,湿,松散状,主要由碎石土及抛石组成,充填砂土或黏性土,碎块及抛石粒径 2~15cm,成分为砖块及混凝土等,新近人工填土,堆积年限<1 年,未固结。厚度为 2.00~7.70m,平均厚度为 4.72m。

(3)②$_1$ 层粉细砂(Q_4^{mc}):分布较广泛,灰黑色,饱和,松散状,颗粒级配较差,较均匀,含淤泥。厚度为 1.80~6.50m,平均厚度为 4.38m。

(4)②$_2$ 层中粗砂(Q_4^{mc}):分布较局部,灰黑色,饱和,松散状,颗粒级配较好,不均匀,含淤泥。平均厚度为 2.45m。

(5)②$_3$ 层淤泥(Q_4^{mc}):分布较广泛,灰黑色,深灰色,流塑状,稍具臭味,含多量有机质,局部含少量贝壳及粉砂。

(6)③$_1$ 层粉质黏土(Q_4^{al+pl}):分布较广泛,土黄色,灰白色,灰黄色,褐红色等,可塑状,局部硬塑状,干强度中等,韧性中等,黏性较好,局部含砂及铁锰结核,局部为粉土。揭露厚度为 0.70~9.00m,揭露平均厚度为 3.30m。

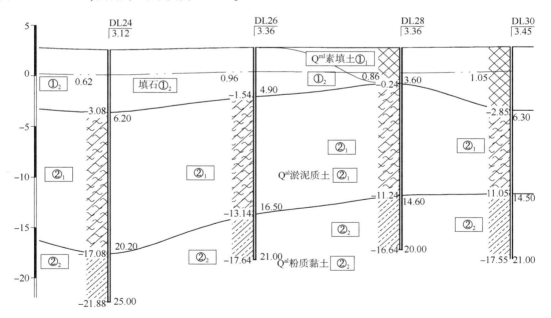

图 2-7 珠海横琴某项目地质剖面图(高程单位:m)

(7)③$_2$ 层淤泥质黏土(Q_4^{al+pl}):分布较广泛,灰黑色,深灰色,流塑状,局部软塑状,稍具臭味,含多量有机质,局部含少量粉砂。厚度为 3.90~14.50m,平均厚度为 7.29m。

(8)③₃ 层粉质黏土(Q_4^{al+pl}):分布局部,灰白色,可塑状,干强度中等,韧性中等,黏性较好,局部含砂。厚度为 4.50m。

(9)③₄ 层粉细砂(Q_4^{al+pl}):分布较广泛,深灰色,饱和,稍密状,颗粒级配较差,较均匀,含多量粉黏粒。本层取样 8 组。厚度为 0.70~10.30m,平均厚度为 3.79m。

(10)③₅ 层中粗砂(Q_4^{al+pl}):分布较广泛,深灰色,饱和,中密状,颗粒级配较好,不均匀,含多量粉黏粒。厚度为 1.90~5.80m,平均厚度为 3.37m。

(11)③₆ 层圆砾(Q_4^{al+pl}):分布局部,深灰色,饱和,密实状,颗粒级配较好,不均匀,分选性较好,亚圆形,成分为石英砂岩及花岗岩等。厚度为 1.00m。

(12)④砂质黏性土(Q_3^{el}):分布较广泛,25 个钻孔有揭露,呈褐黄斑色、灰白斑色、褐红斑色等,硬塑状或密实砂状,结构全部被破坏,含砂砾,遇水易软化崩解,为花岗岩残积土。揭露厚度为 1.30~11.30m,揭露平均厚度 4.16m。

2.7.4 水文地质

本区域河流主要为西江的入海水道,有磨刀门、鸡啼门、虎跳门水道和前山河。在谷地中有山溪河流,如斗门河溪、大赤坎河、飞沙河,河流长度一般小于 10km,源流短小,流量随季节变化较大。

本区域正常潮汐一天之内出现一次高潮和一次低潮,但一月之内有些日子可出现两次潮涨潮落,属不规则全日混合潮的往复流。涨潮历时 4~5h,退潮历时 2~8h,潮差 2~3m,潮波来退方向总的趋势为东南,流速一般为 0.77~1.29m/s。河流受潮汐影响,西江灯笼沙涨潮最大潮差 1.58m,落潮最大潮差 2.00m。前山水道属强潮河口,具往复流。潮水 2 月平均水温 16℃,8 月 28℃,年温差达 12℃。

2.7.5 地震效应

该项目场地的抗震设防烈度为 7 度,设计基本地震加速度值为 0.10g,设计地震分组为第一组,特征周期值为 0.45s。场地等效剪切波速按《建筑抗震设计规范》(GB 50011—2010)(2016 年版)计算,场地等效剪切波速为 85.71~120.76m/s,场地土类型为软弱土,场地类别均为Ⅲ类。场地的抗震设防烈度为 7 度,20.00m 内揭露饱和砂土,采用标准贯入试验判别法判断场地饱和砂土液化等级为中等~严重,液化指数为 8.25~35.61。

2.7.6 不良地质

据勘察钻孔揭露资料,土层分布基本稳定,未发现构造破碎带、滑坡、危岩、土洞等不良地质作用。

2.7.7 特殊性岩土特征与评价

场区的特殊性岩土主要有填土、淤泥及液化砂土。

（1）填土：填土广泛分布，土体均匀性差，结构较松散，承载力低，压缩性高。

（2）淤泥：场地淤泥（淤泥质土）分布广泛，经调查及勘察揭露的淤泥分布和层理结构，浅层淤泥成因类型为海陆交互相沉积，深层淤泥质土成因类型为冲洪积。淤泥（淤泥质土）在静水或缓慢的流水环境中沉积，经生物化学作用形成的黏性土，成层情况较为复杂，其成分不均一，走向和厚度变化大，平面分布不规则，呈带状。场地淤泥（淤泥质土）具有触变性、流变性、高压缩性、低强度、低透水性及不均匀性。

（3）液化砂土：场地浅层饱和砂土液化等级为中等~严重，在地震、动力荷载或其他物理作用下，受到强烈振动会丧失抗剪强度，导致砂粒处于悬浮状态，致使地基失效。砂土液化引起的破坏主要有涌砂、地基失效、滑塌、地面沉降及地面塌陷。

根据现场土岩鉴定、原位测试和室内土工试验成果，结合相关的规程、规范和地区工作经验，综合提出各地基土主要物理力学参数建议值见表2-12。

珠海横琴某项目岩土设计参数建议值表　　　　　　　　　表2-12

岩土层时代及成因	土层代号	岩土层名称	地基承载力特征值 f_{ak}（kPa）	天然重度（kN/m³）	压缩系数 $a_{0.1-0.2}$（MPa⁻¹）	压缩模量 E_{s1-2}（MPa）	有机质含量（%）	固结系数（100~200kPa） C_V（10⁻³cm²/s）	C_H（10⁻³cm²/s）
Q_4^{ml}	①₁	素填土	46	18.5	0.80	2.98	—	—	—
	①₂	杂填土	50	19.0	0.85	2.85	—	—	—
Q_4^{mc}	②₁	粉细砂	50	18.5	0.55	3.85	—	—	—
	②₂	中粗砂	72	19.0	0.51	3.65	—	—	—
	②₃	淤泥	49	15.5	1.41	2.04	4.3	2.03	1.05
Q_4^{al+pl}	③₁	粉质黏土	140	18.9	0.37	4.79	—	—	—
	③₂	淤泥质黏土	60	17.3	0.79	3.04	4.3	1.55	0.93
	③₃	粉质黏土	145	19.5	0.35	4.65	—	—	—
	③₄	粉细砂	113	19.0	0.30	10.0	—	—	—
	③₅	中粗砂	195	20.0	0.28	14.0	—	—	—
	③₆	圆砾	300	20.5	—	—	—	—	—
Q_3^{el}	④	砂质黏性土	220	18.4	0.43	4.58	—	—	—

注：勘察资料时间2015年8月。

2.8　马鞍岛与南沙、横琴软土层对比分析

马鞍岛、南沙与横琴三个区域同为围海造陆地区，其软土层均呈现出含水率高、饱和度大、天然孔隙比大、抗剪强度低、压缩性高、承载力低的特点。马鞍岛、南沙、横琴三个区域淤泥物理力学指标见表2-13。

马鞍岛、南沙、横琴三个区域淤泥物理力学指标统计表　　　　　　表 2-13

区域	马鞍岛		南沙		横琴	
指标	分布区间	平均值	分布区间	平均值	分布区间	平均值
含水率 w(%)	29.6~79.7	58.5	42.0~86.2	56.4	36.4~99.7	58.1
孔隙比 e	0.881~2.181	1.550	1.098~2.302	1.512	1.027~2.272	1.428
液限 w_L	34.3~61.3	48.1	36.4~66.0	52.9	26.1~57.4	47.4
塑限 w_p	20.7~39.2	29.4	22.9~44.6	32.9	14.9~33.7	28.6
塑性指数 I_p	11.7~23.5	18.7	11.4~27.2	20	11.2~24.4	18.9
黏聚力 c_q(kPa)	1.5~29.4	4.1	5~12	8.6	3.9~9.8	6.4
内摩擦角 φ_q(°)	1.4~31.2	3.3	3.4~9.8	7.2	1.9~6.1	3.6
压缩系数 a_{1-2}(MPa^{-1})	0.53~2.88	1.449	0.706~2.224	1.425	0.57~3.27	1.41
压缩模量 E_{1-2}(MPa)	0.97~4.24	1.8	1.37~3.17	1.91	0.96~4.35	2.04
标准贯入试验锤击数 N(击/30cm)	1.0~2.0	1.2	1~4	1.6	1.0~3.0	1.8

综合比较马鞍岛、南沙与横琴软土指标,具体对比分析如下:

(1)三个区域含水率 w 均较高,南沙含水率均值为 56.4%,横琴为 58.1%,马鞍岛为 58.5%,马鞍岛软土含水率最高,横琴含水率变化范围最大,部分区域含水率达 99.7%。

(2)马鞍岛孔隙比 e 一般在 0.881~2.181,均值为 1.55;南沙孔隙比 e 一般在 1.098~2.302,均值为 1.512;横琴孔隙比 e 一般在 1.027~2.272,均值为 1.428。三个区域孔隙比均较大,其中马鞍岛孔隙比均值最大、变化范围最大,横琴孔隙比均值最小。

(3)三个区域黏聚力 c_q 均较小,马鞍岛软土的黏聚力 c_q 均值为 4.1kPa,南沙为 8.6kPa,横琴为 6.4kPa。马鞍岛黏聚力最小,变化范围最大,南沙黏聚力最大。

(4)三个区域内摩擦角均较小,其中,马鞍岛软土的内摩擦角均值为 3.5°,南沙为 7.2°,横琴为 3.6°。马鞍岛的内摩擦角均值最小,变化范围最大,南沙内摩擦角最大。

(5)三个区域均为高压缩性土,马鞍岛软土的压缩系数均值为 1.449/MPa,南沙为 1.425/MPa,横琴为 1.41/MPa。马鞍岛压缩性最大,横琴最小。

(6)淤泥质土地基承载力均较低,马鞍岛为 45~60kPa,统计均值为 46kPa,南沙为 40kPa,横琴为 49kPa。南沙淤泥地基承载力最小,横琴相对较大,不进行地基加固,一般很难满足工程需要。

与南沙、横琴相比,马鞍岛围海造陆地区软土呈现出含水率和孔隙比均值大、变化范围大,黏聚力小和内摩擦角均值小、变化范围大的特点,更具有代表性,对马鞍岛围海造陆地区开展软基处理工程研究更有借鉴意义。

第3章 浅层处理法

浅层处理法是对地面以下浅层软弱土层进行压实、加固或换填处理,使应力扩散,减少作用在软弱下卧层的附加应力,加速软弱土层的固结,以提高地基承载力和减少沉降量的软基处理方法。本章以马鞍岛科学城片区路网品尚街道路工程为例,对珠三角填海造陆地区采用的软基浅层处理法(换填法、就地固化法、泡沫轻质土路堤法)进行总结。

3.1 换填法

换填法是指挖出路基一定范围内软弱土层或不均匀土层,回填其他性能稳定、无侵蚀性、强度较高的材料,并夯压密实形成的垫层的方法。

3.1.1 适用条件

(1)换填材料充足、弃土场布置问题易解决的路段。

(2)软土底面深度小于 3m 的平原路段。

(3)深厚软土地基浅层非常软弱或有机质含量较高时,宜部分换填法与排水固结法联合使用。

(4)低路堤路床不满足要求的路段。

换填法路基横断面见图 3-1。

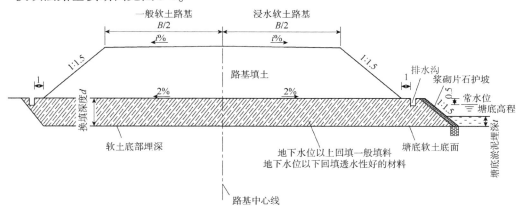

图 3-1 换填法路基横断面图(尺寸单位:m)

B-道路设计宽度

3.1.2 设计要点

(1)换填设计内容应包括换填范围、换填深度、换填基坑边坡值、换填材料及其填筑要求、弃土场等,占用部分水域时应设置围堰。

(2)换填平面范围、换填深度应根据软土分布、路堤稳定分析、沉降计算等综合确定。

(3)换填材料选择应贯彻因地制宜的原则,宜选用中粗砂、碎石、片石等透水性好的材料,底部宜采用可形成嵌锁结构的水稳性好的材料。

(4)抛石挤淤可用于不需要深层处理且地表软土含水率大于100%的路段。

(5)对于换填基坑边坡稳定安全系数,采用直接快剪指标时不应小于1.1,采用原位测试指标时不应小于1.2。边坡稳定安全系数 F_s 一般按照式(3-1)计算:

$$F_s = \frac{\sum (c_i l_i + W_i \cos\alpha_i \tan\varphi_i)}{\sum W_i \sin\alpha_i} \tag{3-1}$$

式中: c_i ——第 i 土条底部土的黏聚力(kPa),软土层宜取不排水抗剪强度;

l_i ——第 i 土条底长(m);

W_i ——第 i 土条竖向荷载(kN),式(3-1)分子中地下水位以下土体取浮重度;分母中浸润线与最低水位之间土体取饱和重度,最低水位以下土体取浮重度;

α_i ——第 i 土条底面与水平线的夹角;

φ_i ——第 i 土条底部土的内摩擦角, c_i 采用不排水抗剪强度时, φ_i 应取 0。

(6)为控制路基工后变形,沉降计算应符合下列要求。

①路基总沉降 S 宜根据沉降修正系数与固结沉降按式(3-2)计算:

$$S = \psi_s S_c \tag{3-2}$$

②固结沉降 S_c 宜利用 e-p 曲线按式(3-3)计算:

$$S_c = \sum \frac{e_{0i} - e_{1i}}{1 + e_{0i}} \Delta z_i \tag{3-3}$$

上式中: S_c ——固结沉降(m);

ψ_s ——沉降修正系数;

e_{0i} ——第 i 层土天然孔隙比;

e_{1i} ——第 i 层土 e-p 曲线对应自重应力和附加应力之和的孔隙比;

Δz_i ——第 i 层土厚度(m)。

③路堤荷载较小时,固结沉降可根据压缩模量按照式(3-4)计算:

$$S_c = \sum \frac{\Delta \sigma_i}{E_{si}} \Delta z_i \tag{3-4}$$

式中: $\Delta \sigma_i$ ——第 i 层的附加应力(kPa);

E_{si} ——第 i 层的压缩模量(kPa)。

④沉降修正系数 ψ_s 可按式(3-5)计算。

$$\psi_s = 0.123\gamma_f^{0.7}(\theta H^{0.2} + VH) + Y \qquad (3\text{-}5)$$

式中：γ_f——路堤土重度(kN/m³)；

$\quad\theta$——地基处理类型系数，取 0.9；

$\quad H$——路堤填土高度(m)；

$\quad V$——加载速率修正系数，加载速率小于 20mm/d 时取 0.005，20~70mm/d 时取 0.025，否则取 0.05；

$\quad Y$——地质修正系数，软土不排水抗剪强度小于 25kPa、厚度大于 5m、硬壳层小于 2.5m 时取 0，否则取 -0.1。

3.1.3 施工要求

(1)换填区邻近既有建(构)筑物时，应监测换填基坑边坡和建(构)筑物的变形。

(2)回填前应检查开挖深度、基底土质是否满足设计要求。

(3)回填粉质黏土、黏土等弱透水性材料时应避免坑内积水。

(4)回填料压实度应满足设计要求。

(5)抛石挤淤应由一侧向另一侧推赶施工，并将推赶的软土挖走。

(6)挖除的土方应放置到批复或指定的弃土场中，并应采取措施，确保弃土稳定安全。

3.1.4 质量检验

(1)每隔 20m 设一断面，应对每一断面坑底进行土质检测。

(2)每 10000m³ 回填材料，应检验一次，且每批次至少应检验一次。

(3)宜按 1 点/1000m² 的频率检测回填土的压实度。

3.1.5 应用案例

1)工程概况

以马鞍岛品尚街道路工程为例，品尚街为改造道路，双向两车道，规划为城市支路，全长323m，红线宽度 16m，于 2022 年 4 月开工建设，为翠亨新区起步区科学城片区配套市政路网建设工程项目的一部分。图 3-2 所示为品尚街开工前现状照片。

2)工程地质条件

工程地质条件见第 2.3 节马鞍岛中部软土层概况。

3)技术方法

品尚街临时道路上覆土层较厚，可采用浅层换填法。品尚街地下水位较高，处理方法为换填 1m 级配碎石。换填碎石为粒径 5~40mm 的级配碎石，含泥量不

图 3-2 品尚街开工前照片

大于 5%。换填基准线确定原则：挖方以路床顶面线为基准线，填方以清表后为基准线。在软基换填之前可采用冲击碾压法处理基底，提高基底压实度。

将软弱土层挖至设计深度，分层摊铺和压实碎石。一般采用重 6~10t 压路机分层碾压。每层摊铺厚度不宜大于 30cm，往返碾压 4 遍以上。每次碾压均与前次碾压轮迹宽度重合一半，碾压时宜浇水湿润以利密实。压实度达到路基相应压实度要求。

换填法横断面图如图 3-3 所示。

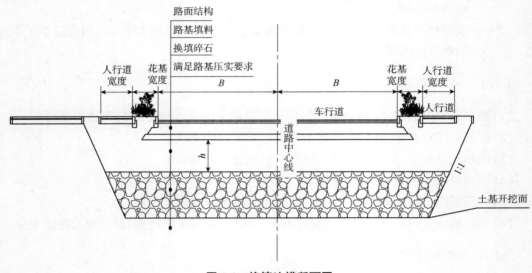

图 3-3　换填法横断面图

3.1.6　适用性评价

碎石垫层可起到均匀传递和扩散压力的作用，改善排水固结条件。素填土和淤泥质土在承受上部结构荷载后，孔隙水压力增大，通过碎石垫层排水，同时将应力传递给土粒。当土颗粒间应力大于土的抗剪强度时，土粒发生相对运动，土层逐渐固结，强度随之提高。

换填法适用于浅层淤泥、松散素填土、杂填土、已完成自重固结的吹填土。对于覆盖土层较厚的深厚软土，工后容许变形较大的支路一般路段可结合固结情况选用换填法。

3.2　就地固化法

就地固化法是一种利用固化剂对软土等土体就地进行固化，使土体达到一定强度或其他使用要求，从而对土体进行就地处理或利用的方法。

3.2.1　适用条件

（1）主要用于代替换填、形成工作垫层或施工便道等。

（2）就地固化法可以代替传统的换填法，无须换土和弃土，本章第 3.1.1 节中所涉及的路段可采用就地固化法。

（3）非水塘区地基极限承载力小于40kPa的刚性桩复合地基路段,可利用就地固化法形成工作垫层。

就地固化系统及强力搅拌头示意图见图3-4。

图3-4 就地固化系统及强力搅拌头示意图

3.2.2 设计要点

（1）就地固化土强度可取室内配合比试件强度的0.6~0.7倍,28d无侧限抗压强度宜为0.1~0.2MPa。

（2）固化剂种类和掺量宜通过试验确定。固化剂以水泥为主,可掺40%~50%的粉煤灰、矿粉、石灰、石膏等。固化剂掺量宜为土体天然质量的5%~10%,含水率高、有机质含量高时取大值。

（3）用于地基处理时,应符合下列要求:

①固化土可以板状、格栅状、条状、点状布置,也可用板状与其他形式组合。固化土用于路床固化时,应以板状布置。

②单点固化常用尺寸为1.6m×0.8m、1.4m×0.8m和1.1m×0.6m,其他布置可由单点相互搭接而成,搭接宽度不应小于50mm。

③格栅状、条状、点状固化的置换率应根据稳定分析或承载力计算、沉降计算等确定。

④路堤固化范围宜为路堤底宽内的软土地基,挡土墙、涵洞固化范围宜超出基础底面0.5~1m。

⑤固化深度宜根据穿透软土层进入硬土层0.5m的原则确定。

（4）利用就地固化形成工作垫层或施工便道时,就地固化设计应符合下列要求:

①固化土宜以板状布置,固化土影响桩（井）施工时可预留桩（井）位置。

②固化土范围宜至用地红线或超出施工设备、车辆接地面1~2m。

③机械接地范围外固化宽度小于接地宽度的4.3倍时,固化土28d无侧限抗压强度q_{u28}不宜小于机械接地压力的1.4倍。

④固化土厚度宜同时符合下式要求。

$$h_s \geqslant \frac{3a_s b_s (p_m - f_{az})}{2(a_s + b_s) q_{u28}} \qquad (3-6)$$

$$h_s \geq \frac{3a_s b_s p_m - 3(a_s + w_s) b_s f_{az}}{(2a_s + 2w_s + b_s) q_{u28}} \tag{3-7}$$

式中:h_s——固化土厚度(m);

$\quad a_s$——垂直固化土边线的机械接地面尺寸(m);

$\quad b_s$——平行固化土边线的机械接地面尺寸(m);

$\quad p_m$——机械接地压力(kPa);

$\quad f_{az}$——未进行深宽修正的固化土下面软土的地基承载力特征值(kPa);

$\quad w_s$——机械接地面与固化土边线的距离(m);

$\quad q_{u28}$——28d 无侧限抗压强度。

3.2.3 施工要求

(1)正式施工前应现场验证固化土强度。

(2)固化前应清除树根、块石等障碍物,存在硬壳层时宜利用挖掘机等预先松土。

(3)应采用自动定量供料系统供料,浆剂设备压力不应小于 3MPa,粉剂设备压力不应小于 0.8MPa。

(4)固化搅拌宜采用三维搅拌的强力搅拌头,搅拌头转速宜为 50~120r/min,搅拌头应有定位系统。

(5)采用浆剂时,水灰比宜为 0.5~0.9,水泥浆搅拌时间不应小于 4min,水泥浆液搅拌均匀后应过筛,应继续搅拌储浆池内的水泥浆,不应使用超过 2h 的浆液。

(6)固化深度超过 1m 时,搅拌头上下搅拌不应少于 2 次,提升速度不应大于 4m/min,搅拌头连接杆的垂直度偏差不宜大于 2%。

3.2.4 质量检验

(1)板状固化时应检测固化宽度,每 10m 应检测 1 处;格栅状或条状固化时应检测固化宽度和间距,检测比例不应小于 30%。

(2)用于工作垫层或施工便道的固化土,可采用静力触探、十字板试验、轻型动力触探等方法检测固化厚度、持力层、均匀性和强度等;用于地基处理的固化土宜采用标准贯入、重型动力触探、抽芯等方法检测固化厚度、持力层、均匀性和强度等。每 1500m² 测点检测不应少于 1 点,且每个工点不应少于 6 点。

(3)涵洞、挡土墙下固化土地基应进行载荷试验,每个涵洞、每段挡土墙不宜少于 1 点。

(4)静力触探、十字板试验、轻型动力触探检测时龄期不应少于 14d;标准贯入、重型动力触探、抽芯、载荷试验检测时龄期不宜少于 28d。

(5)采用静力触探检测时,14d 的锥尖阻力不应小于 $5q_{u28}$。

(6)采用十字板检测时,沿深度的检测间距不宜大于 0.5m。14d 的十字板强度不应小于 $0.35q_{u28}$。

(7)采用轻型动力触探检测时,14d 的 N_{10} 不应小于 $110q_{u28}$。

（8）采用重型动力触探检测时，28d 的 $N_{63.5}$ 不应小于 $25q_{u28}$。

（9）采用标准贯入试验检测时，28d 的 N 不应小于 $40q_{u28}$。

3.2.5　应用案例

1）工程概况

以马鞍岛启航路（西湾路至五桂路段）施工便道为例，启航路为新建道路，规划为城市主干路，路下敷设地下综合管廊。启航路于 2022 年 4 月开工建设，为翠亨新区起步区科学城片区配套市政路网建设工程项目的一部分。其施工便道同期开工，为主路施工提供必要的交通与施工条件。启航路开工前照片如图 3-5 所示。

图 3-5　启航路开工前照片

2）工程地质条件

工程地质条件见第 2.3 节马鞍岛中部软土层概况。

3）技术方案

启航路（西湾路至五桂路段）覆盖层主要为素填土、淤泥质土、粉质黏土，地下综合管廊基础静压管桩及锤击管桩设备无法适应地质条件，故采用就地固化法对启航路表层软土淤泥进行固化处理。

（1）搅拌设备采用直插式对原位土进行搅拌。

（2）搅拌设备正向运行，逐渐深入搅拌并喷射固化剂，在强力搅拌头机械臂上标注刻度线，搅拌头下降深度不小于设计底部以下 20cm，以控制搅拌头进入土层深度。为保证底部固化效果，在靠近底部 0.5m 范围内适当放缓搅拌头升降速度，并保持搅拌头在底部停留 10s 左右。

（3）搅拌设备反向运行，缓慢提升搅拌并喷固化剂，固化剂的喷料速率通过后台自动控料系统控制在 146～236kg/min；每个小区块搅拌时间控制在 3.5～7.5min，每个小区块上下搅拌各 3 次，前两次边喷浆边搅拌，第三次不喷浆只搅拌，每个小区块搅拌完成后再整体搅拌一次。启航路现场就地搅拌施工如图 3-6 所示。

（4）搅拌头单次作业可固化面积为 125cm×100cm，各区域搭接宽度不小于 5cm，间距布设设置示意图见图 3-7。

图 3-6　启航路现场就地搅拌施工

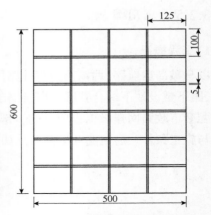

图 3-7　间距布设设置示意图
（尺寸单位：cm）

3.2.6　适用性评价

以启航路施工便道为例，进行适用性评价。启航路便道固化养护 7d 后，采用搅拌设备船在固化面反复行走，地基沉降不明显，如图 3-8 所示。采用承载板法检测承载力为 198～223kPa，满足设计承载力 150kPa 的要求。

图 3-8　现场实施效果图

固化养护后，在进行静压管桩道路软基处理施工时，部分路段出现地基下沉，后期经过修复后对主路施工未造成太大影响，如图 3-9 所示。由于此地原地貌为芦苇荡池塘，整平填土为软土，池塘深度超过 3m。而此次固化深度为 2m，固化处整体下沉，与其他路段产生高差，导致静压管桩机无法前进。因此，对于承载力要求高的场地，固化深度宜穿透软土层，一般以进入硬土层 0.5m 为宜。

图 3-9 地基下沉路段

3.3 泡沫轻质土路堤法

泡沫轻质土是采用水泥、水、发泡剂等材料,按一定比例混合搅拌、凝固成型的一种现浇类气泡轻质材料。泡沫轻质土路堤法是通过填筑气泡轻质材料,减小路堤重度或土压力,采用应力补偿的原则取消或减少地基处理,可以看作一种广义的地基处理方法。

3.3.1 适用条件

(1)既有路堤拓宽路段。

(2)软基深度超过 20m 的低路堤路段。

(3)路堤高度大于排水固结路堤适用高度的路段。

3.3.2 设计要点

(1)轻质土路堤底面宽度不宜小于 2m。

(2)轻质土路堤直立填筑高度不宜超过 15m。

(3)非软基路段可采用中部普通土、两侧轻质土的直立式路基结构。

(4)轻质土路堤临空且轻质土高度大于 2m 时,与普通土的接触面宜设置台阶。

(5)路堤横向单侧富余宽度宜为 0.3~0.5m。

(6)轻质土路堤顶面台阶高差不宜超过 150mm,台阶部分宜采用路面底基层材料调整。

(7)轻质土路堤底面、顶面、应力集中的部位应设置 1~2 层加筋材料,加筋材料与轻质土表面的间距、加筋材料层距宜为 0.3~0.5m。加筋材料可采用直径 3.2~4mm、间距 50~100mm 的钢丝网或抗拉强度不小于 50kN/m 的钢塑土工格栅。

(8)沉降缝间距宜为 10~15m,断面突变处应设沉降缝,各层轻质土的沉降缝应上下贯通。沉降缝宜设置 20~30mm 厚的聚苯乙烯泡沫板。

(9)轻质土滑动稳定性不满足要求时,可设置抗滑锚固件,锚固件可采用直径为 25~32mm 的钢筋。

（10）轻质土路堤顶面宜设置防水材料,应铺至相邻普通路堤不小于 1.0m。防水材料可采用 0.5mm 厚的高密度聚乙烯膜（HDPE）或防水土工布。

（11）轻质土临空面应设置混凝土护壁,护壁厚度不应小于 40mm,强度等级不应低于 C20,见图 3-10。

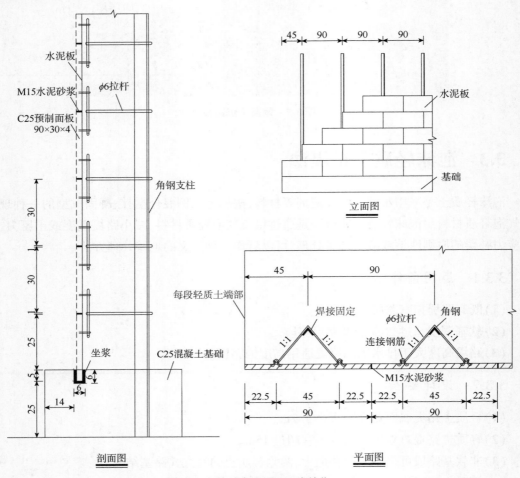

图 3-10 护壁参考图(尺寸单位:cm)

（12）因轻质土的重度小于水的重度,地下水位或地表水位最大值大于轻质土路堤底面高程时,按下式计算抗浮安全系数 F_s,且 F_s 宜为 1.05~1.15:

$$F_\text{s} = \frac{0.95\gamma_l V_l + P}{\gamma_\text{w} V_\text{w}} \tag{3-8}$$

式中:γ_l——轻质土湿重度（kN/m³）;

$\quad V_l$——轻质土体积（m³）;

$\quad P$——轻质土上部恒载（kN）;

$\quad \gamma_\text{w}$——水重度（kN/m³）。

$\quad V_\text{w}$——水位以下轻质土体积（m³）。

3.3.3 施工要求

(1)正式施工前应通过首件施工验证施工质量,轻质土标准沉陷率不应大于2%,现场沉陷率不应大于5%。

(2)护壁砌块表面应光滑平整,尺寸应符合设计要求。

(3)轻质土应采用分层浇筑,分层厚度不宜大于1m,加筋材料位置应分层。

(4)分仓施工时,分仓面积大小应以每层轻质土初凝前浇筑完为准。

(5)轻质土宜采用跳仓法施工,并应按设计设置伸缩缝。

(6)轻质土浇筑管出料口埋入轻质土内不应小于100mm。在移动浇筑管、出料口取样、扫平表面时,浇筑管口与轻质土表面的高差不应超过1m。

(7)浇筑接近加筋层、顶层时,应采用后退方式拖移浇筑管进行人工扫平。

(8)上层浇筑施工应在下层轻质土终凝后进行。

(9)轻质土施工应避开气温38℃以上的时段。

(10)轻质土不宜在5级以上大风天气浇筑。当遇到大雨或长时间持续小雨时,对未固化的轻质土应采取遮雨措施。

(11)轻质土固化前应避免对轻质土的扰动。

(12)轻质土位于地下水位以下或积水区时应采取抗浮措施。

(13)每层轻质土终凝后应保湿养护,后续作业前最上面一层轻质土养护时间不应少于7d。

(14)轻质土顶面不应直接行走机械、车辆。

(15)相邻两幅防水材料之间宜采用黏结的方式进行搭接。

3.3.4 质量检验

(1)轻质土湿重度检测频率宜为1次/100m³,且每层至少检测1次,重度应满足设计湿重度±0.25kN/m³。

(2)轻质土抗压强度检测频率不应少于1组/400m³,且每层至少检测1组,抗压强度不应小于设计值。抗压试验前应检测抗压试件的表干重度,表干重度不应大于设计湿重度。

(3)用作换填材料的轻质土,宜在顶部防水材料施工前采用钻孔抽芯等手段检测轻质土厚度、重度和抗压强度,每个工点、每100m不少于1点。厚度和抗压强度不应小于设计值,表干重度不应小于设计湿重度的90%。

3.3.5 应用案例

1)工程概况

五桂路横七涌段道路为例,五桂路为新建道路双向六车道,城市主干道,2022年开工建设,为五桂路跨横七涌桥梁工程路基段一部分。

2)工程地质条件

五桂路横七涌段地质剖面图如图 3-11 所示,钻孔揭露的土岩层按其成因及工程特性由上而下综合描述如下:

(1)人工填土

杂填土:灰黄、灰褐、棕红等杂色,稍湿,土质不均匀,呈松散状,主要由开山土回填而成,成分为黏性土及中粗砂,局部含少量建筑垃圾,偶见植物根系,局部稍压实,土质不均匀,层厚 0.5~4.27m,平均厚度 3.25m。

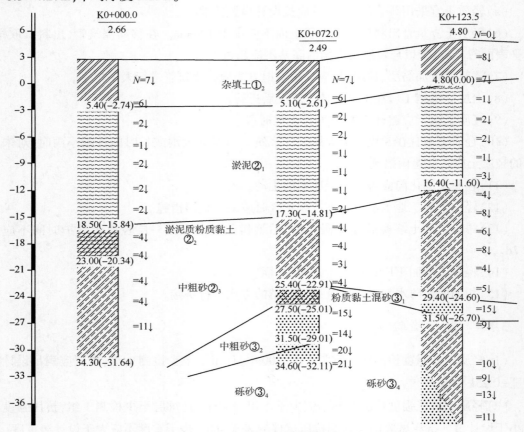

图 3-11 五桂路横七涌段地质剖面图(高程单位:m)

注:勘察报告时间 2021 年 3 月。

(2)海陆交互相沉积层

①淤泥质粉质黏土

灰黑色,以黏粒为主,含较多粉细砂,局部含大量腐木和少量贝壳碎屑,夹粉细砂薄层,饱和,呈流塑状态为主。层厚 2.9~31.7m,平均厚度 11.67m。

②粉质黏土

灰色,黄灰色,饱和,软可塑~可塑,切面光滑,土质均匀,干强度和韧性中等,黏性好,局部少见贝壳碎屑,层厚 1.1~22m,平均厚度 10.04m。

③中粗砂

浅灰色,饱和,稍密为主,局部呈松散或中密,砂质较纯净,颗粒均匀,次棱角状,分选性一般,含10%~15%的粉质黏土,级配不良,层厚0.7~4m,平均厚度2.27m。

(3)冲(洪)积层

①粉质黏土

灰色,浅黄等色,饱和,可塑~硬可塑,切面光滑,土质均匀,干强度高,韧性中等,黏性一般,局部偶有团状细砂,少见贝壳碎屑,层厚1.4~13.1m,平均厚度4.9m。

②中粗砂

灰白、灰、灰褐色,饱和,中密状,主要矿物成分为石英及长石,次棱角状,颗粒不均,级配好,局部含较多黏粒,局部夹粉细砂,层厚1.9~6.5m,平均厚度3.97m。

③粉细砂

灰白、灰黄色,饱和,中密,主要成分为石英,砂质较纯,颗粒较均匀,次棱角状,分选性好,级配不良,局部含较多黏粒,层厚1.3~6m,平均厚度3.71m。

④砾砂

灰黄色,黄褐色,灰色,饱和,中密~密实,主要成分为石英,粒径一般为2~20mm,颗粒不均匀,级配好,棱角状,局部含少量黏性土,层厚1.6~7.1m,平均厚度4.16m。

(4)残积层

砂质黏性土:褐黄、青灰色,稍湿,硬塑状,为花岗岩风化残积土,以粉黏粒为主,主要成分为长石风化土及石英,呈砂土状,土样浸水易软化崩解,局部夹少量花岗岩风化碎屑,层厚1.1~6.7m,平均厚度3.74m。

五桂路横七涌段岩土力学指标见表3-1。

五桂路横七涌段岩土力学指标表 表3-1

地层编号	岩土名称	水泥土搅拌桩 q_{si}(kPa)	地基承载力特征值 $[f_{a_0}]$(kPa)	压缩模量 E_s(MPa)	重度 γ(kN/m³)	黏聚力 c(kPa)	内摩擦角 φ(°)
				平均值		标准值	
①₂	杂填土	—	—	—	18	8~10	10~12
②₁	淤泥	4~7	40~50	2.4	16.5	8~10	2~3
②₂	粉质黏土	14~18	115~125	4.8	17	16~18	8~10
②₃	中粗砂	28~33	130~140	—	17	0	25
③₁	粉质黏土	20~25	140~160	6.08	18	20~22	12~15
③₂	中粗砂	38~40	170~190	—	19	0	28
③₃	粉细砂	22~25	150~180	—	18.5	0	23
③₄	砾砂	50~55	200~230	—	19	0	32
④	砂质黏性土	20~25	220~250	4.58	19.5	22~25	20~22

3)技术方案

填土高度增加的路段采用超挖换填轻质土进行处理。以不增加附加荷载为原则,通过超挖路基换填轻质土来减轻荷载,让填筑后的荷载不大于原道路荷载,保证工后沉降满足设计要求(不超过 20cm)。水泥宜采用 42.5 级及以上的通用硅酸盐水泥,发泡剂应无明显沉淀物。

浇筑设备包括发泡设备、搅拌设备和泵送设备。浇筑设备的生产能力和设备性能应满足连续作业要求。搅拌设备应具备水泥、水及添加材料的配料和计量功能。

应采用发泡设备预先制取气泡群,不宜采用搅拌方式制取气泡群。新拌气泡混合轻质土宜采用配管泵送。气泡群应及时与水泥基浆料混合均匀,新拌气泡混合轻质土在泵送设备、泵送管道中的停置时间不宜超过 1h。

泡沫轻质土重度等级为 W6,湿重度 g 标准值为 6.0kN/m³,允许偏差范围 5.5kN/m³<g≤6.5kN/m³,强度等级为 CF1.2,抗压强度平均值为 1.2MPa。

泡沫轻质土均用防渗土工膜包裹。为加强泡沫轻质土的稳定性,在路基顶部及底部等应力集中部位各设 1 层 ϕ3.2mm 钢丝网。相邻两块钢丝网的搭接宽度不宜小于 20cm,宜采用钢丝绑扎。

在填筑体达到设计抗压强度后,方可在填筑体顶面进行机械或车辆作业。作业前,应先铺一层覆盖层,厚度不宜小于 20cm。

泡沫轻质土路堤横断面见图 3-12。

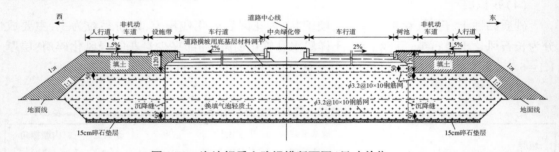

图 3-12　泡沫轻质土路堤横断面图(尺寸单位:cm)

4)适用性评价

泡沫轻质土含有大量的气泡群,优势在于轻质性、自密性、自立性和良好的施工性,适用于需要减少土压力的软基路堤、直立加宽路堤、高陡路堤、结构物背面及地下管线、狭小空间等填筑工程。

3.4　本章小结

本章从适用条件、设计要点、施工要求、质量检验、应用案例和适用性评价等六个方面,对填海造陆地区采用的浅层处理法进行了梳理总结。

(1)换填法:挖出路基一定范围内软弱土层或不均匀土层,回填其他性能稳定、无侵蚀性、强度较高的材料;适用于换填材料充足、弃土场布置问题易解决的路段,需考虑换填材料的来源;施工产生大量废弃软土,存在运输难、堆放难和处置难的问题。

（2）就地固化法：利用固化剂对软土等土体就地进行固化，使土体达到一定强度；适用于换填材料不充足、弃土场布置问题不易解决的场地；与换填法相比，无需大量换填料以及外弃淤泥，对环境影响性较小；适用于承载力极低、施工机械难以进入的场地。就地固化法可快速形成施工便道。

（3）泡沫轻质土路堤法：通过填筑气泡轻质材料，减小路堤重度或土压力，采用应力补偿的原则取消或减少地基处理；可以看作一种广义的地基处理方法；适用于需要减少土压力的软基路堤、直立加宽路堤、高陡路堤和结构物背面。泡沫轻质土路堤法与换填法相比，填筑材料重度小，对软土地基的附加应力更小，可减少地基处理；与就地固化法相比，更适用于直立加宽路堤、地下管线、狭小空间等填筑工程。

第4章 排水固结法

排水固结法是先在天然地基中设置袋装砂井或塑料排水带板竖向排水体,然后进行加载,使土体中的孔隙水排出,逐渐固结,地基发生沉降,地基强度逐步提高的方法。本章以马鞍岛环岛路、客运港片区路网等工程为例,对填海造陆地区采用的堆载预压法、真空预压法、真空-堆载联合预压法等排水固结软基处理方法进行总结。

4.1 堆载预压法

堆载预压法是在地基上堆加荷载使地基土固结压密的地基处理方法。施工工序可分为:排水砂垫层施工、打设竖向排水体、设置盲沟和集水井、分层碾压填土、堆填预压层、卸载等几个步骤。

4.1.1 适用条件

(1)堆载预压法施工耗时较长,宜用于建设工期大于2年的项目。

(2)堆载预压路堤适用高度应根据稳定分析、沉降计算确定,深厚软基路堤高度不宜大于6m。

(3)竖井预压法采用竖向排水体,宜用于软基深度小于15m的桥头、涵洞路段及软基深度小于20m的一般路段。

(4)渗沟预压法采用水平排水渗沟,可用于软土层底面深度小于4m的路段。

(5)垫层预压法采用水平排水垫层,宜用于软土层底面深度小于2m的路段,软土层下面为砂、卵石层等强排水层时可增大至4m。以采用塑料排水板为例,堆载预压法横断面、平面如图4-1所示。

4.1.2 设计要点

(1)地基表层湿软时宜设置用作地基处理工作面的工作垫层,且应符合下列要求:

①工作垫层材料应利于地基处理施工,积水路段的工作垫层宜采用透水性材料。

②工作垫层厚度不宜小于0.5m,与排水垫层厚度之和不宜大于天然地基极限填土高度的0.5倍。

(2)用作水平排水通道的排水垫层应符合下列要求:

①宜采用中粗砂、碎石等,渗透系数宜大于1×10^{-2}cm/s,碎石粒径不宜大于2cm。

②厚度宜为0.4~0.6m,碎石垫层宜小值。

③伸出路堤的宽度不应小于1.2m,沉降大于1.0m的路段不宜小于1.5m。

④砂垫层顶面两侧2~3m应铺设无纺土工布,碎石垫层顶面应铺设无纺土工布。

⑤宽度大于80m时路中线附近宜设置集水井,抽水宜采用水位自动控制的水泵。

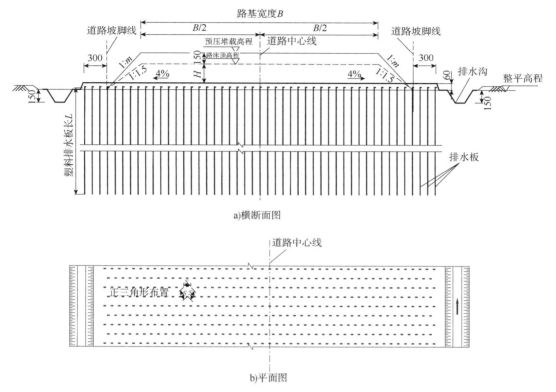

图4-1 堆载预压法横断面、平面图(尺寸单位:m)

B-道路设计宽度;S-塑料排水板间距

(3)竖向排水体一般采用袋装砂井和塑料排水板,应符合下列要求:

①袋装砂井直径宜为70mm。砂井袋渗透系数不应小于1×10^{-2}cm/s,抗拉强度和缝合强度不应小于15kN/m,等效孔径O_{95}(留筛质量为95%时的颗粒尺寸)应小于0.075mm。

塑料排水板当量换算直径:

$$d_p = \frac{2(b+\delta)}{\pi} \tag{4-1}$$

式中:d_p——塑料排水板当量换算直径(mm);

$\quad b$——塑料排水板宽度(mm);

$\quad \delta$——塑料排水板厚度(mm)。

②袋装砂井应采用中粗砂,中粗砂含泥量不应大于3%,渗透系数应大于1×10^{-2}cm/s。

③砂沟、碎石沟宽度宜为0.6~0.8m,宜包裹无纺土工布。

④竖井间距可按井径比$n = d_e/d_w$确定,袋装砂井、塑料排水板间距宜为1.1~1.4m,渗沟间距不宜大于4m。井径比的选取见表4-1。

井径比的选取　　　　　　　　　　　　　表 4-1

内容	$n=d_e/d_w$	内容	$n=d_e/d_w$
塑料排水板	15~22	普通砂井	6~8
袋装砂井	15~22		

注：d_e-等效直径，等边三角形 $d_e=1.05L$，正方形 $d_e=1.128L$；d_w-井径，对塑料排水板 $d_w=d_p$。

（4）为提高地基土的抗拉和抗剪强度，宜设置路堤加筋材料，并符合下列要求：

①加筋材料宜采用单向土工格栅，土工格栅极限抗拉强度不宜小于 120kN/m，极限抗拉强度对应的延伸率宜小于 5%。

②加筋材料宜铺在排水垫层顶面及其以上，宜全幅铺设。

③加筋材料间距宜为 0.2~0.3m，外端距离坡面宜 1.0~1.5m，且反包长度不宜小于 2m。

（5）为保证路基稳定性，避免软弱地基产生剪切、滑移，宜设置路堤反压护道，并符合下列要求：

①反压护道宜覆盖最危险滑动面剪出口。

②反压护道高度超过天然地基极限高度时宜分级设置。

③与路堤同步实施的反压护道宜采用排水固结处理。

④反压护道顶面高于路堤排水垫层顶面时，反压护道应设置与路堤排水垫层连通的排水垫层，或将路堤排水垫层引出。

（6）堆载预压处理地基设计的平均固结度不宜低于 90%，固结度 U_t 计算公式如下：

$$U_t=\frac{1}{p}\sum\Delta p_i\left[1-\alpha e^{-\beta\left(t-\frac{T_{i-1}+T_i}{2}\right)}\right]\tag{4-2}$$

式中：Δp_i——第 i 级荷载（kPa）；

p——t 以前各级荷载的累加值（kPa）；

T_{i-1}、T_i——分别为第 i 级荷载加载起始时间和终止时间（s），当计算第 i 级荷载加载过程中某时间 t 的固结度时，T_i 改为 t。

（7）路堤沉降计算见第 3.1.2 节"（6）"，θ 取 0.95~1.1。

（8）预压荷载应符合下列要求：

①桥涵附近的路段宜超载预压，其他路段宜等载预压。每个超载路段长度不宜小于 50m。

②等载预压路堤荷载应等于路面荷载、路堤荷载、最终沉降土方重量之和。

③每个路段宜给出设计填土厚度，填土厚度应包括最终土方沉降量。

④软土下卧层未打设竖向排水体，施工期的固结度很低，超载不能消除其沉降，却可能在加固区产生超额沉降，该超额沉降将增加软土下卧层的工后沉降。因此，存在软土下卧层的路段不宜采用超载预压减少工后沉降。

（9）卸载标准应符合下列要求：

①结构物附近路堤应同时满足工后沉降、工后差异沉降率要求，其他路段应满足工后沉降标准。无法推算工后沉降时，连续 2 个月的沉降速率不应大于 5mm/月。

②新建路基容许工后沉降应符合《城市道路路基设计规范》（GJJ 194—2013）第 6.2.8

条的要求。

③结构物附近工后差异沉降率不应大于0.5%。

4.1.3 施工要求

（1）砂、砂井袋、塑料排水板、土工格栅等材料应检验合格，砂井袋、塑料排水板、土工格栅等应防止阳光照射、污染和破损。

（2）排水垫层的宽度、厚度应满足设计要求。竖向排水体施工带出的淤泥应清除，在排水垫层两侧应开挖排水沟并保证排水顺畅。

（3）袋装砂井正式施工前，宜沿线路每20m试打确定打设深度，横向软土分布差异较大时沿横向也宜试打。

（4）铺设加筋材料的基底应平整，基底不应留路拱。加筋材料应张拉平直、绷紧并按设计固定，不应褶皱或松鼓。加筋材料搭接宽度、连接方式应满足设计要求，连接强度不应低于其极限抗拉强度，铺设后暴晒时间不应超过48h。

4.1.4 质量检验

（1）竖向排水体数量偏差不应大于±1%，并应现场随机选择2%的检查间距和直径。

（2）宜现场随机选择1%袋装砂井，采用冲水拔袋法检测施工长度。

（3）土工格栅铺设应检验铺设宽度、搭接宽度、铺设平整性、反包长度等。

（4）反开挖施工挡土墙时应检测地基承载力。

4.1.5 应用案例

1）工程概况

以马鞍岛东汇路（和丽路—启明路）为例，东汇路为新建道路，双向六车道，城市次干路，为翠亨新区马鞍岛环岛路道路工程的一部分，东汇路开工前照片如图4-2所示。

2）工程地质条件

场区揭露的土层为第四系松散堆积层，包括第四系人工填土层（Q_4^{ml}）、第四系海陆交互相沉积层（Q_4^{mc}）。东汇路地质剖面图如图4-3所示。

图4-2 东汇路开工前照片

①₃碎石素填土：灰黄色、褐黄色，松散~稍密，主要由砂岩、花岗岩碎石块填成，局部夹较多砂土或少量黏性土。层厚4.00~6.50m，平均厚度5.55m。

②₂淤泥：深灰色，流塑，含腐殖质，具臭味，局部夹薄层粉砂或为淤泥。揭露厚度3.40~18.20m，平均厚度10.73m。

②₃粉质黏土：灰色、灰黄色，软塑~可塑，土质不均匀，局部为粉土或含少量砂土。揭露厚度1.80~11.20m，平均厚度5.83m。

②₅淤泥质土:深灰色,流塑,含腐殖质,具臭味,局部夹薄层粉砂或为淤泥。揭露厚度2.80~7.70m,平均厚度5.08m。

③砂质黏性土:褐黄色、褐红色,由花岗岩风化残积而成,细粒土状态可塑为主,局部软塑或硬塑,含砂量35%~55%,受水易软化、崩解。揭露厚度1.68~7.50m,平均厚度3.53m。

东汇路岩土力学指标见表4-2。

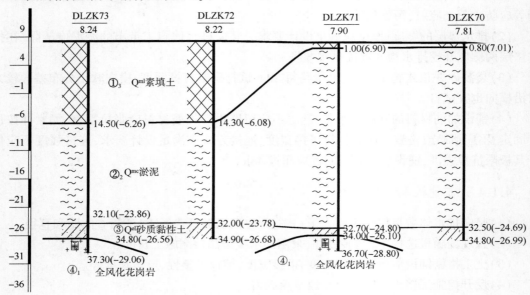

图4-3 东汇路地质剖面图(高程单位:m)

注:勘察资料时间2016年。

东汇路岩土力学指标表   表4-2

地层编号	岩土名称	水泥土搅拌桩 q_{si}(kPa)	压缩模量 E_s(MPa)	重度 γ(kN/m³)	黏聚力 c(kPa)	内摩擦角 φ(°)
		平均值			标准值	
①₃	碎石素填土	12	—	19.0	0.0	28.0
②₂	淤泥	5	2.0	15.5	5.0	3.5
②₃	粉质黏土	12	5.0	18.5	20.0	12.0
②₅	淤泥质土	7	2.5	16.5	6.0	4.0
③	砂质黏性土	30	—	18.5	20.0	18.0

3)技术方案

东汇路部分路段表层无硬壳层,采用堆载预压法进行地基处理,设计地基承载力特征值不小于120kPa。

施工时在淤泥顶面铺设一层250g/m²聚丙烯编织布,填砂层至1.5m高程。在砂垫层中横向每隔50m设置一排水盲沟,纵向布设两道盲沟即左右幅中间分别布设一道盲沟,在纵横盲沟交会处设置一集水井,用抽水泵抽水,盲沟采用渗滤土工布包裹碎石形式。铺设土工格栅、堆载填土分别见图 4-4、图 4-5。

图 4-4 铺设土工格栅

图 4-5 堆载填土

在砂垫层上按正方形间距 1.0m×1.0m 布设竖向塑料排水板,排水板需打穿淤泥层,进入下卧层至少 0.5m。上端高出排水砂垫层 0.5m,使用的塑料排水板为整体板。

道路路基填筑厚度为道路设计路床高程+地基预留沉降量+超载预压高度。道路路基填筑分三部分:第一部分为从现状地面高程填筑 1~2m 厚中粗砂,在填砂层顶部铺设一层双向经编聚氯乙烯(PVC)增强纤维土工格栅;第二部分为填筑路基土至路床顶(含地基预留沉降量),此部分填料为适合道路填筑要求的素土;第三部分为 2.0m 厚超载预压土。道路路基填筑时应按设计填筑厚度控制填筑量,并分层填筑碾压密实。堆载预压法横断面见图 4-6。

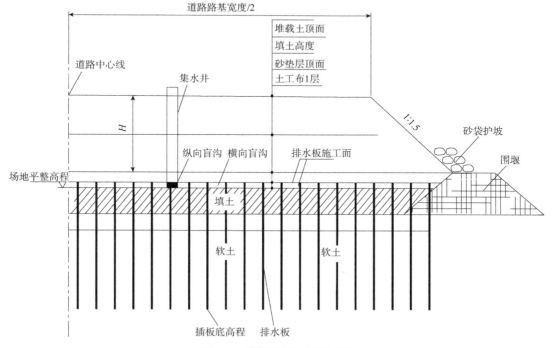

图 4-6 堆载预压法横断面图

4.1.6 适用性评价

以东汇路为例,进行适用性评价。

1)路基监测

在堆载过程中,从 2017 年 11 月—2019 年 4 月,对东汇路路基进行了 157 次监测,各监测点的沉降速率均未超过控制值,后期沉降变化较慢,路基沉降监测累计最大沉降量 933.24mm,最大沉降速率 9.8mm/d,该断面对应淤泥厚度 23m。路基施工至回填完毕未发生异常变形,沉降量较小,且变化较均匀。

2)载荷试验

对东汇路堆载预压区 16 个点进行平板载荷试验,最大试验荷载为 260kPa。以某检测点为例,试验加载到最大荷载 260kPa 时,累计沉降量为 2.44mm,沉降稳定,荷载-沉降(Q-s)曲线缓变,沉降-时间对数(s-$\lg t$)曲线基本呈规则排列,该点的地基极限承载力均为 260kPa,满足设计地基承载力特征值不小于 120kPa 要求。东汇路平板载荷试验检测点试验结果见表 4-3。

东汇路平板载荷试验检测点试验结果汇总表 表 4-3

序号	压板面积（m²）	极限承载力（kPa）	最大试验荷载（kPa）	最大沉降量（mm）	残余沉降量（mm）	承载力特征值对应沉降量（mm）
1	2	260	260	0.77	0.50	0.43
2	2	260	260	0.59	0.36	0.51
3	2	260	260	8.90	3.53	4.44
4	2	260	260	2.74	2.19	1.86
5	2	260	260	5.78	0.84	3.73
6	2	260	260	3.28	1.36	1.33
7	2	260	260	8.41	1.63	5.60
8	2	260	260	1.86	0.40	0.99
9	2	260	260	5.46	4.17	2.49
10	2	260	260	5.60	3.90	4.07
11	2	260	260	2.86	1.53	1.69
12	2	260	260	2.44	0.73	1.74
13	2	260	260	1.36	0.85	1.01
14	2	260	260	13.92	10.72	8.54
15	2	260	260	0.80	0.43	0.59
16	2	260	260	5.01	2.92	2.93

综合分析 16 个点平板载荷试验数据,地基承载力极限值均为 260kPa,满足设计地基承载力特征值不小于 120kPa 的要求。从道路运营情况来看,自 2021 年 6 月开放交通以来,东

汇路道路整体运营情况良好,道路感观良好,道路平整,无差异沉降,无裂缝产生。运营情况见图4-7。

图4-7 东汇路建成后运营情况

堆载预压荷载需分级逐渐施加,待前期荷载下地基土强度提高,然后施加下一级荷载。堆载预压法适用于处理淤泥质土、淤泥、冲填土等饱和黏性土地基。对塑性指数大于25且含水率大于85%的淤泥,应通过现场试验确定其适用性。堆载预压需要一定的时间,该方法适用于工期要求不紧的项目。

当软土层厚度小于4.0m时,可采用天然地基堆载预压处理;当软土层厚度超过4.0m时,为加速预压过程,应采用塑料排水板、砂井等竖井排水预压处理地基。地基沉降主要为竖向排水体范围土层压缩所致,竖井以下土层固结缓慢、沉降较小。堆载预压期间,孔隙水压力逐渐增大,停止加载孔压逐渐消散,卸载期间孔压急剧减小。竖向排水体可加速孔隙水压力消散,提升固结沉降速率。

4.2 真空预压法

真空预压法是对覆盖于竖井地基表面的封闭薄膜内抽真空排水使地基土固结压密的地基处理方法。施工工序如下:排水砂垫层施工、打设竖向排水体、埋设观测设备、埋设真空分布管、铺设密封膜、安装真空设备、抽真空、观测。

4.2.1 适用条件

真空预压法适用于对软土性质很差、土源紧缺、工期紧张(相较堆载预压法而言)的软土地基进行处理。软土的渗透系数应不小于$1×10^{-5}$cm/s。当加固区与外界有透水性的砂层或漏气介质连通时,应采取隔离措施。加固区周围存在建(构)筑物时,不宜采用真空预压法。真空预压法横断面、平面见图4-8。

4.2.2 设计要点

(1)真空预压处理地基必须设置竖向排水体,宜选用塑料排水板或砂井,其设计内容应包括:

①选择塑料排水板或砂井等竖向排水体,确定其直径、间距、深度、排列方式和布置范围。

②确定预压区面积和施工分块大小。

③确定真空预压工艺,以及要求达到的膜下真空度和土层的固结度。

④计算真空预压后地基强度增长值和地基变形值。

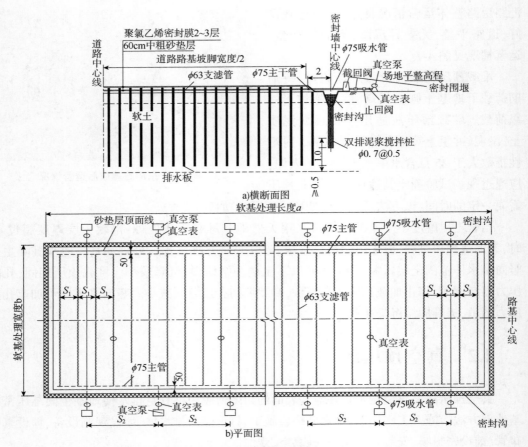

图 4-8 真空预压法横断面、平面图(尺寸单位:mm)

S_1-滤管间距;S_2-真空泵间距

(2)真空预压宽度宜与工作垫层以上路堤底宽相同。

(3)密封膜上应铺一层质量不小于 $200g/m^2$ 的土工布。

(4)膜下真空度设计值不宜小于 80kPa。真空预压结束后竖向排水体范围内土层的平均固结度应大于 90%。

(5)真空预压用于提高路堤稳定性时,填土完成之前不宜停止抽真空。

(6)卸除真空时间与路面施工间隔时间不宜小于 2 个月。

4.2.3 施工要求

(1)真空预压的抽气设备宜采用射流真空泵,空抽时必须达到 95kPa 以上的真空吸力。真空泵的设置应根据预压面积大小和形状、真空泵效率并结合工程经验确定,每块预压区应至少设 2 台真空泵。

(2)真空管路的连接应严格密封,在真空管路中应设置止回阀和截门。水平向分布滤水管可采用条状、梳齿状及羽毛状等形式,滤水管布置宜形成回路。滤水管应设置在砂垫层中,其上覆盖厚度 100~200mm 的砂层。滤水管可采用钢管或塑料管,外包尼龙纱或土工织物等滤水材料。

(3)密封膜应采用抗老化性能好、韧性好、抗穿刺能力强的不透气材料,可采用聚氯乙烯薄膜。密封膜的厚度宜为 0.12~0.14mm,根据其厚度的不同,可铺设 2~3 层密封膜。密封膜连接宜采用热合黏结缝平搭接,搭接宽度应大于 15mm。

(4)真空预压施工应按排水系统施工、抽真空系统施工、密封系统施工及抽气的步骤进行。

(5)当满足下列条件之一时,可停止抽气:

①连续 5 昼夜实测沉降速率小于或等于 0.5mm/d。

②满足工程对沉降、承载力的要求。

③地基固结度达到设计要求的 80% 以上。

4.2.4 质量检验

用钻孔取土,进行室内试验分析、现场十字板剪切试验和现场载荷试验等方法进行质量检测。试验检测项目的频率应根据加固分区面积的大小制定,每个分区不应少于 3 处。

真空预压施工期间应进行下列项目的观测:

(1)膜下真空度观测。

(2)竖向排水通道与淤泥中真空度观测。

(3)负孔隙水压力观测。

(4)地表面沉降观测,包括施工沉降和抽气膜面沉降。

(5)土层深部沉降观测。

(6)土层深部水平位移观测。

(7)地下水位观测,包括加固区外地下水位观测和加固区内地下水位观测。

4.2.5 应用案例

1)工程概况

以马鞍岛东临路为例,东临路为新建道路,红线宽度 20m,双向四车道,城市支路,于2022 年 4 月开工建设,为翠亨新区起步区客运港综合片区配套市政路网建设工程的一部分。东临路开工前照片如图 4-9 所示。

2)工程地质条件

根据地质调查及钻探揭露,东临路地质剖面图如图 4-10 所示,由上而下对各土层进行综合描述:

①₁ 素填土:红褐色、黄褐色、灰褐色等杂色,稍湿,松散状为主,局部为稍密状,主要成分

图 4-9 东临路开工前照片

为黏性土、砂土,局部含 10%~30%碎石、石块;堆填时间较短,多为新近堆填形成,部分区域现进行回填;揭露厚度 0.50~17.50m,平均厚度为 4.93m。

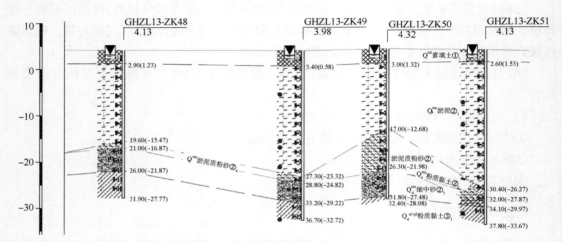

图 4-10 东临路地质剖面图(高程单位:m)

注:勘察报告时间 2021 年 1 月。

①₂ 杂填土:灰黄色、红褐色、灰褐色等杂色,稍湿,松散状为主,主要成分为碎石、碎砖、碎混凝土块等,混有少量黏性土和砂砾;堆填时间较短,多为新近堆填形成;揭露厚度 1.50~5.00m,平均厚度为 2.86m。

②₁ 淤泥:深灰、灰黑色、灰色,流塑状,含腐殖质和少量贝壳碎片,局部夹淤泥质粉砂薄层,有腥臭味;揭露厚度 4.80~38.00m,平均厚度为 22.44m。

②₂ 粉质黏土:灰黄色、深灰色、黄褐、红褐色,软塑~可塑,干强度中等,韧性中等;揭露厚度 0.70~7.80m,平均厚度为 3.13m。

②₃ 淤泥质土:灰黑、深灰色,流塑~软塑,含腐殖质和少量贝壳碎片,局部含粉细砂,有腥臭味;揭露厚度 0.80~15.90m,平均厚度为 4.86m。

②₄ 淤泥质粉砂:灰黑、深灰色,饱和,松散状,砂为石英质,含淤泥质和少量贝壳碎片,稍有腥臭味,污手;揭露厚度 1.00~9.30m,平均厚度为 3.65m。

②₅ 细中砂:黄色、灰白色、浅灰色、黄褐色,稍密状为主,局部松散,主要成分为石英颗粒,局部含黏粒较多;揭露厚度 0.60~10.00m,平均厚度为 4.09m。

③₁ 粉质黏土:灰黄、灰白、褐黄色,可塑为主,局部硬塑状,干强度中等,韧性中等;揭露厚度 0.50~11.10m,平均厚度为 3.38m。

③₂ 粉细砂:灰黄色、灰白色、浅灰色、黄褐色,稍密状为主,局部松散,主要成分为石英颗粒,局部含黏粒较多;揭露厚度 0.90~5.50m,平均厚度为 2.57m。

③₃ 粗砂:灰黄色、灰白色、褐黄色,中密~密实,主要成分为石英颗粒,局部含黏粒较多;揭露厚度 0.90~9.80m,平均厚度为 3.73m。

④砂质黏性土:红褐色、灰白色、黄褐色、灰褐色,由花岗岩风化残积而成,可塑~硬塑,干强度中等,韧性中等;揭露厚度 0.50~11.60m,平均厚度为 3.69m。

东临路岩土力学指标见表 4-4。

东临路岩土力学指标表

表4-4

年代成因	地层编号	岩土名称	水泥土搅拌桩		地基承载力特征值 $[f_{a_0}]$ (kPa)	压缩模量 E_s (MPa)	基底摩擦系数 f	重度 γ (kN/m³)	黏聚力 c (kPa)	内摩擦角 φ (°)
			q_{si} (kPa)	q_p (kPa)		平均值			标准值	
Q^{ml}	①₁	素填土	10	70	70	3.5	0.2	18.9	12	8
	①₂	杂填土	4	40	100	5	0.3	19	—	25
Q_4^{mc}	②₁	淤泥	12	140	40	1.5	—	16.5	3.2	2.5
	②₂	粉质黏土	6	50	140	3.5	0.2	19.0	22.0	12.0
	②₃	淤泥质土	8	70	50	2	—	19.5	4.5	3.5
	②₄	淤泥质粉砂	16	180	70	4	—	18.8	3.0	8.0
	②₅	细中砂	15	160	180	8	0.38	19.2	—	28.0
Q^{al+pl}	③₁	粉质黏土	15	160	160	4.5	0.25	20.0	22.0	12.0
	③₂	粉细砂	25	200	160	6	0.35	18.7	—	26.0
	③₃	粗砂	25	220	200	12	0.40	19.0	—	32.0
Q^{el}	④	砂质黏性土	—	—	220	4.55	0.30	19.5	18.5	16.0

3) 技术方案

采用真空预压法进行软基处理,塑料排水板断面尺寸 4.5mm×100mm,呈三角形布置,间距 1m。在设计真空度为 80kPa 条件下连续抽真空 6 个月,真空泵功率不小于 7.5kW。

施工时先铺第一层中粗砂垫层 30cm,之后打入排水板,埋设主管、滤管、真空度测头,再铺 30cm 中粗砂垫层,排水板顶端埋入中粗砂垫层的长度不应小于 50cm。再挖密封沟,安置主管出膜装置,铺土工布与 3 层密封膜。最后安装抽真空装置,回填密封沟,试抽真空,检查密封情况。

东临路现场施工过程如图 4-11 所示。

a)排水板施工　　　　　　　　　　b)真空管道铺设

图 **4-11**

c)密封沟黏土搅拌桩   d)抽真空

图 4-11 东临路现场施工过程

4.2.6 适用性评价

以东临路为例,进行适用性评价。

选取典型断面监测,淤泥厚度 22~25.4m。东临路监测仪设置剖面图如图 4-12 所示。

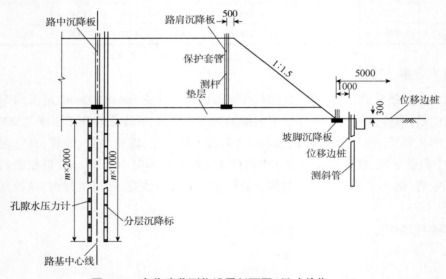

图 4-12 东临路监测仪设置剖面图(尺寸单位:mm)

(1)表层沉降监测

取三个断面进行监测,从 2022 年 8 月 28 日开始,截至 2022 年 11 月 21 日,累计下沉最大值 527.4mm,最大变化速率 1.3mm/d。东临路沉降变化曲线见图 4-13。

(2)边桩水平位移

在路堤两侧趾部设置位移观测边桩,从 2022 年 8 月 28 日开始,截至 2022 年 11 月 21 日,观测边桩累计向道路内位移最大值 292.9mm,累计向道路外位移最大值为 13.3mm,最大变化速率 1.4mm/d。东临路边桩水平位移曲线见图 4-14。

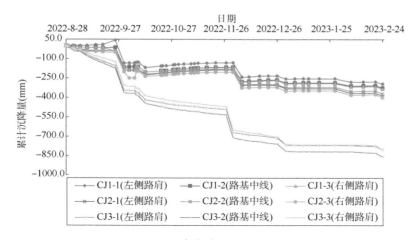

图 4-13 东临路沉降变化曲线

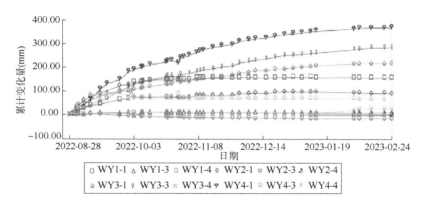

图 4-14 东临路边桩水平位移曲线

（3）孔隙水压力

从 2022 年 8 月 28 日开始，截至 2022 年 11 月 21 日，观测点孔隙水压力累计变化最大值为 59.5kPa，最大变化速率 0.6mm/d。东临路孔隙水压力变化曲线见图 4-15。

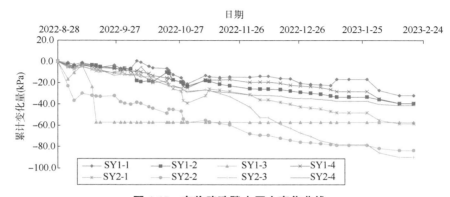

图 4-15 东临路孔隙水压力变化曲线

（4）分层沉降

从 2022 年 8 月 28 日开始，截至 2022 年 11 月 21 日，观测点分层沉降累计沉降最大值为 324.8mm，最大变化速率 4.7mm/d。东临路分层沉降变化曲线见图 4-16。

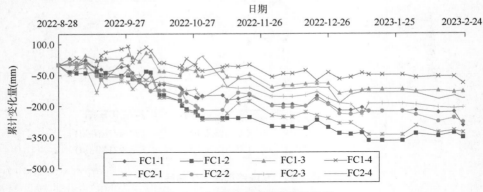

图 4-16　东临路分层沉降变化曲线

（5）深层水平位移

从 2022 年 8 月 28 日开始，截至 2022 年 11 月 21 日，道路内深层水平位移最大值 162.3mm，位于地面以下 3m。道路外位移最大值 1.1mm，位于地面以下 18.5m。

（6）真空度

从 2022 年 8 月 28 日开始，截至 2022 年 11 月 21 日，真空度范围 81.7～86.2kPa，满足真空度大于 80kPa 的要求。

综合以上监测数据，东临路处于抽真空阶段，沉降持续增大，地表有明显下沉趋势，后续施工过程中仍需持续监测沉降、位移、孔隙水压力和真空度，进一步判断其适用性。

真空预压法利用真空装置进行抽气，在膜内外形成大气压差，土中的孔隙水发生向竖井的渗流，使孔隙水压力不断降低，有效应力不断提高，进而使土逐渐固结。从道路运营情况来看，自 2021 年 9 月开放交通以来，东临路道路整体运营情况良好，道路感观良好，道路平整，无差异沉降，无裂缝产生。运营情况见图 4-17。

图 4-17　东临路建成后运营情况

真空预压法适用于以黏性土为主的软弱地基,当存在粉土、砂土等透水、透气层时,加固区周边应采取确保膜下真空压力满足设计要求的密封措施。对塑性指数大于 25 且含水率大于 85% 的淤泥,应通过现场试验确定其适用性。加固土层上覆盖有厚度大于 5m 以上的回填土或承载力较高的黏性土层时,不宜采用真空预压处理。由于真空预压法在地基处理过程中形成负压的影响范围较大,若在加固区附近有房屋、道路、管线等建(构)筑物时,负压容易产生拉裂而造成建(构)筑物桩基或结构的破坏,故加固区周边有建(构)筑物时不宜采用真空预压法,或需要采取相应的保护措施防止对建(构)筑物的破坏。对建(构)筑物的破坏,从翠亨新区马鞍岛填海造陆区域的工程实践来看,真空预压法负压影响的区域可达或超过加固区外边线 50m。

4.3 真空-堆载联合预压法

真空-堆载联合预压法加固软基通过真空压力和堆载使土体中的孔隙水压力产生不平衡的水压力,孔隙水在这种不平衡力的作用下经竖向排水体逐渐排出,从而使土体产生固结变形。施工工序如下:排水砂垫层施工、打设竖向排水体、埋设观测设备、埋设真空分布管、铺设密封膜、安装真空设备、抽真空、回填预压土、观测。

4.3.1 适用条件

(1)真空-联合堆载预压法可减小工后沉降,提高排水固结路堤适用高度。

(2)真空-联合堆载预压路堤适用高度应根据稳定分析、沉降计算确定,排水固结路堤适用高度可比堆载预压路堤增大 1~1.5m。

(3)距离加固区 20m 内存在建(构)筑物时不宜采用真空联合堆载预压。

4.3.2 设计要点

(1)真空预压设计要点见第 4.2.2 节。

(2)卸真空后继续预压时,应去除坡脚外砂垫层外的密封膜。

(3)真空联合堆载预压路堤沉降计算应符合下列要求:

①真空联合堆载预压路堤可将膜下真空度视为路堤荷载。

②真空联合堆载预压路堤的沉降修正系数 ψ_s 不宜小于 1.3。

4.3.3 施工要求

(1)应先按真空预压的施工要求(见第 4.2.3 节)抽真空,当真空压力达到设计要求并稳定后,再进行堆载,并继续抽气。堆载时应在膜上铺设土工布等保护材料。

(2)抽真空初期 3d 内宜逐步增大开泵数量。

(3)膜上路堤填筑应在膜下真空度达到设计要求 5~7d 后进行。

(4)膜上第一层填料厚度应大于 0.5m,填料中不应含贝壳等棱角明显的物体。

(5)膜上填筑厚度小于 0.8m 时,应使用小型土方机械施工,且不应小半径转弯。

(6)预压期间不应间断抽真空或减少真空泵数量。

图 4-18　南浦路开工前照片

4.3.4　应用案例

1）工程概况

以翠亨新区马鞍岛环岛路（南浦路）为例，其位于西五围范围道路长 2.671km，红线宽 50m，双向六车道。南浦路开工前照片见图 4-18。

2）工程地质条件

工程地质条件见第 2.4 节马鞍岛南部岩土层概况。

3）技术方案

场地内软土层发育，分布广，厚度 4.5~25.3m，厚度较大，软土含水率高、灵敏度高、压缩性高、孔隙比较大、抗剪强度低、地基基本承载力容许值低。为加快施工进度，采用真空-堆载联合预压法，竖向排水体采用袋装砂井，直径 7cm，软土层厚度大于 20m 路段设计桩间距 1.0m，软土层厚度介于 15~20m 路段设计桩间距 1.1m，软土层厚度不足 15m 路段设计桩间距 1.2m。

袋装砂井按正三角形布置，一般路段需打穿软土层，打设最大深度按 25m 控制，下卧层为透水性砂层时不打穿软土层；横向布置范围为反压护道路基坡脚线。在真空预压范围设置砂垫层和保护性砂垫层，砂垫层厚 60cm，并结合真空预压堆土前铺设密封膜、填筑 30cm 保护性砂垫层。南浦路现场施工过程见图 4-19。

a)袋装砂井施工

b)铺设密封膜

图 4-19　南浦路现场施工过程

设计真空度为 80kPa,连续抽真空 6 个月,真空泵功率不小于 7.5kW,真空泵设置间距宜为 10m,每套真空泵加固面积宜为 800m² 左右。

在真空度维持 80kPa 以上,并正常预压 10d 以上,沉降速率逐渐稳定且逐步下降时,即可在膜上铺一层无纺土工布,然后开始路堤填土施工。

4.3.5　适用性评价

以南浦路为例,选取真空-堆载联合预压法监测断面,淤泥厚度 17.5m,布置沉降板 5 块,位移桩 4 根,孔隙水压力计 7 个,分层沉降标 7 个。监测期从排水板打设完成后,持续 7 个月。南浦路测点布置示意图如图 4-20 所示。

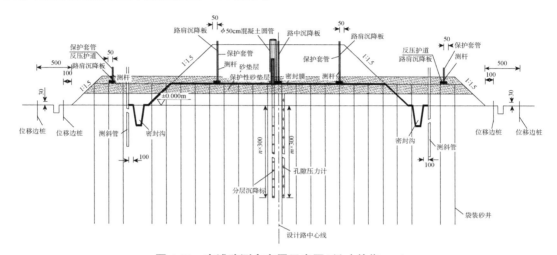

图 4-20　南浦路测点布置示意图(尺寸单位:cm)

(1)地表沉降

真空预压过程中,南浦路地表沉降随时间变化曲线如图 4-21 所示。第一阶段是真空预压阶段,自 2020 年 12 月—2021 年 2 月期间,在真空预压荷载的作用下,沉降速率较大,地表沉降也越来越大。第二阶段为真空联合堆载预压阶段,填土高度 3.5m,自 2021 年 2 月开始加载以来,随着填土荷载的增加,沉降速率逐渐增大。

地表沉降量、地表沉降速率与加载具有相关性和滞后性,即加载时地表沉降速率增加,地表沉降量增加;加载停止时,地表沉降速率仍将持续一段时间保持在较高的水平。总体而言,随着加载的稳定,沉降速率逐渐降低,沉降曲线进入平缓的阶段。

截至 2022 年 2 月,连续 2 个月实测沉降速率≤5mm/d,沉降曲线已趋于平缓,表面沉降趋于稳定。分析施工期间的监测数据,整个软基处理过程中,边桩沉降 1913.9mm,中桩沉降 1848.7mm,加固效果明显。

(2)边桩水平位移

截至 2022 年 2 月,监测断面最大水平位移 60mm,最大水平位移速率未超过设计要求的 5mm/d 控制指标。南浦路水平位移随时间变化曲线见图 4-22。

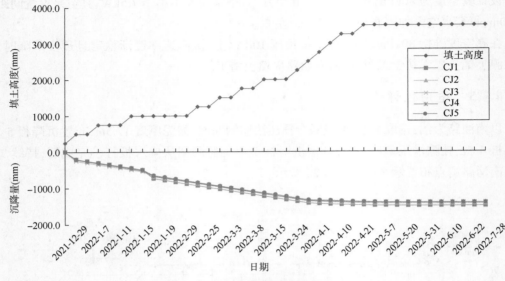

图 4-21　南浦路地表沉降随时间变化曲线

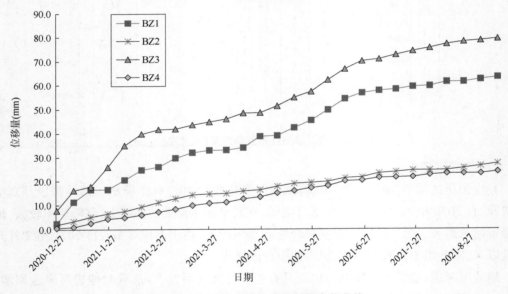

图 4-22　南浦路水平位移随时间变化曲线

（3）路基土体分层沉降

自 2020 年 12 月，截至 2022 年 2 月，分层沉降累计最大变化量为地表以下 3.0m 处，为−1633.0mm。

前期刚开始真空预压，沉降速率偏大，当填土工程完成后沉降速率明显放缓，后期沉降基本稳定；深度越大，沉降量越小，曲线越趋于平缓，符合附加应力随深度扩散的理论；相邻两条沉降曲线之间的间距大小，反映了此深度范围内土层的固结压缩情况，间距越大，压缩量越大。

（4）深层水平位移数据分析

为测量抽真空区域的侧向位移，了解真空预压对周边环境的影响，也为有效加固深度的确定和竖向密封墙的打设深度提供参考，在试验路段设置深层水平位移观测点，测斜管设置于软基路堤边坡坡趾处。

选取 2020 年 12 月—2021 年 7 月的监测数据，填筑过程不同深度地基土的侧向位移，随真空预压和填土厚度增加增大，主要位移量发生在软基深度的 0.5～12.5m 之间，最大位移值为 62.22mm，但整体水平位移量均不大，填土施工控制较好，南浦路深层水平位移变化曲线见图 4-23。

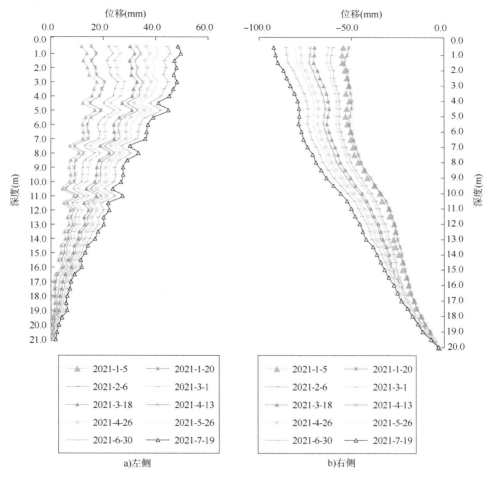

图 4-23 南浦路深层水平位移变化曲线

（5）孔隙水压力监测数据分析

选取的监测断面共布置了 7 个孔隙水压力测点，从孔隙水压力随时间的变化曲线（图 4-24）可以看出：真空预压引起土体孔隙水压力下降，在整个加固区域范围内都有效果，在抽真空施工初期，浅层土体的孔隙水压力迅速消散，但消散速率逐渐减缓；满载后，在抽真空作用下，孔隙水压力再次下降并趋向于相对稳定。

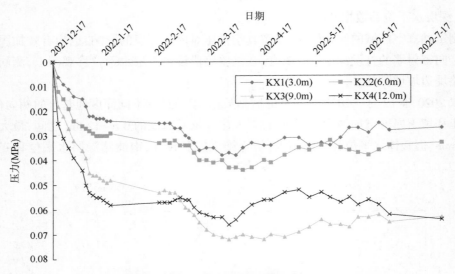

图 4-24 南浦路孔隙水压力消散随时间变化曲线

自 2020 年 12 月,截至 2022 年 2 月,孔隙水压力累计最大变化量发生在地表下 21m 处,测得施工期间消散值 0.237MPa。

综合分析:

(1)地表沉降监测结果表明,最大中桩沉降量为 1848.7mm,填筑过程中未出现沉降超标准情况。

(2)水平边桩位移监测结果表明,在路基前期真空加压和填土过程中,路基荷载增大,水平边桩位移位置有逐渐向路基内侧有较大移动的趋势,但随着路基填筑的结束,荷载逐渐趋于稳定,监测断面最大水平位移 60mm,路堤表层水平位移未发生较大的变形,路基稳定性较好。

(3)分层沉降监测结果表明,软基压缩变形的主要范围与设计地基处理的主要范围基本吻合,监测套管在沉降管上的磁性沉降环随路基沉降的同步下沉量,得到每层的沉降量。路基分层压缩变形的趋势与地表沉降基本一致。

(4)深层水平位移监测结果表明:在路基土填筑过程中,地面以下不同深度的地基土均未发生较大变形,最大位移值为 62.22mm。路基前期受填筑影响,位移偏大,随着填筑结束,后期位移发展趋势缓慢,路基整体稳定。

图 4-25 南浦路建成后运营情况

(5)孔隙水压力监测结果表明,在路基填筑过程中,由于孔隙水压力值持续下降,孔压消散情况较好,未出现孔压急剧增大或减小等的情况。软基排水固结情况良好,路基稳定性较好。从道路运营情况来看,自开放交通以来,南浦路道路整体运营情况良好,道路感观良好,道路平整,无差异沉降,无裂缝产生。运营情况见图 4-25。

4.4 本章小结

本章从适用条件、设计要点、施工要求、质量检验、应用案例和适用性评价等六个方面，对填海造陆地区采用的排水固结软基法进行了梳理总结：

（1）堆载预压法适用于以黏性土为主的软弱地基，当存在粉土、砂土等透水层时，影响加固效果。堆载预压时，土体发生沉降，产生向外的水平位移，土体容易发生失稳剪切破坏，因此需控制加载速率，分级加载，使荷载增加的速度与地基土强度增加的速度相适应。相比于真空预压法和真空-堆载联合预压法，其施工工期较长，且加固区因堆载在地基中产生向外扩散的作用力，使临近道路的建（构）筑物易发生剪切破坏，对河（海）堤路段和周边存在管线、桥墩和主要建（构）筑物的路段慎用。

（2）真空预压法不适用于加固土层上覆盖有厚度大于 5m 以上的回填土或承载力较高的黏性土层。真空预压时土体发生沉降，产生向内的水平位移，土体不会产生剪应力，一次性施加真空荷载，地基土不会发生剪切破坏，从而可以缩短工期。相较于堆载预压法，其施工工期可大大缩短，但其对地基土的作用力与堆载预压法相反，在地基土中产生的负压易拉裂周边土体，在填海造陆深厚软基地区，其影响的范围达到或超过加固区边线 50m，故在道路周边有建（构）筑物时慎用。

（3）当设计地基预压荷载超过 80kPa，对变形有严格要求，且真空预压处理地基不能满足设计要求时，可采用真空-堆载联合预压法，其加固效果比单一的真空预压或堆载预压效果好。相较前两种软基处理方法，其施工工期更短，且对周边建（构）筑物的影响较真空预压法较小。

第5章 复合地基法

复合地基法是通过天然地基中部分土体得到增强或被置换,由天然土体和增强体共同承担荷载,提高地基承载力、减小沉降的方法。本章以马鞍岛科学城片区路网、未来大道、环岛路等工程为例,对填海造陆地区采用的水泥土搅拌桩、高压旋喷桩、水泥粉煤灰碎石桩、预应力高强度混凝土管桩、预应力高强度混凝土管桩+旋喷桩等复合地基处理方法进行总结。

5.1 水泥土搅拌桩复合地基法

水泥土搅拌桩复合地基是以水泥作为固化剂的主要材料,通过深层搅拌机械,将固化剂和地基土强制搅拌形成竖向增强体的复合地基。其可分为喷浆型和喷粉型,两种工艺的深层搅拌施工工艺有所不同。喷粉型深层搅拌桩使用干态的固化剂(通常是水泥粉),施工时,通过粉体发送器将水泥粉送入被搅动的土体,与土体进行充分拌和。因为干粉可以吸收土体中的水分,促进水化反应,所以其适用于含水率较高的软黏土。施工过程中,搅拌钻头边旋转边提升,同时喷粉,形成桩体。喷浆型深层搅拌桩使用浆态的固化剂(通常是水泥浆),施工时,通过灰浆泵将水泥浆压入地基中,并且边喷浆、边旋转,同时严格按照设计确定的提升速度提升深层搅拌机。因为浆液可以为土体提供额外的水分,促进水化反应,所以其适用于含水率较低的土层。施工过程中,搅拌机下沉到达设计深度后,开启灰浆泵将水泥浆压入地基中,并且边喷浆、边旋转,同时提升搅拌机。

5.1.1 适用条件

(1)水泥土搅拌桩复合地基一般适用于填筑高度小于7m的路段,软土含水率大于70%时适用高度应降低。单向搅拌桩处理深度不宜大于15m,双向搅拌桩处理深度宜小于20m。

(2)水泥土搅拌桩复合地基施工速度较排水固结法快,可适用于工期要求紧的路段。

(3)水泥土搅拌桩复合地基不适用于处理有机质土和塑性指数 I_p 大于25的黏土。软土含水率大于80%或地下水流动时,须通过现场试验确定其适用性。地基土或地下水对素混凝土具有中等以上侵蚀时,不宜采用水泥土搅拌桩。泥炭土地基不得采用水泥土搅拌桩,大粒径块石含量多的地基不宜采用水泥土搅拌桩。水泥土搅拌桩复合地基法横断面、平面见图5-1。

5.1.2 设计要点

1)设计参数选取

考虑到填海造陆地区软土成桩较差,水泥土搅拌桩桩径一般不小于0.5m,水泥掺量宜为

15%~25%,含水率高时取大值。含水率高于70%时应通过配合比试验确定水泥掺量。水泥土搅拌桩宜采用湿法施工,水泥浆水灰比宜采用0.5~0.7,搅拌桩宜采用正三角形布桩。

搅拌桩28d芯样无侧限抗压强度q_{u28}宜为0.5~0.8MPa,90d芯样无侧限抗压强度q_u可取28d无侧限抗压强度q_{u28}的1.3~1.5倍。

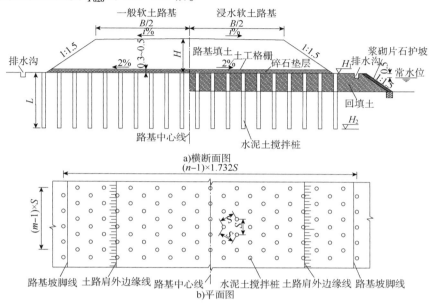

图5-1 水泥土搅拌桩复合地基法横断面、平面图(尺寸单位:m)

B-道路设计宽度;S-水泥土搅拌桩间距

水泥土搅拌桩长度应根据上部结构对地基承载力和变形的要求确定,并应穿透软弱土层到达地基承载力相对较高的土层;设置的搅拌桩同时为提高地基稳定性时,其桩长应超过危险滑弧以下不少于2m。水泥土搅拌桩设计参数见表5-1。

水泥土搅拌桩设计参数 表5-1

桩径 D(m)	桩长选择	桩间距 S(m)	面积置换率
0.5	单向搅拌桩处理深度宜小于15m,双向搅拌桩处理深度宜小于24m	1.0	0.227
		1.1	0.187
		1.2	0.157
		1.3	0.134
		1.4	0.116
		1.5	0.101
		1.2	0.227
		1.3	0.193
0.6		1.4	0.167
		1.5	0.145
		1.6	0.128
		1.7	0.113
		1.8	0.101

桩径 $D(m)$	桩长选择	桩间距 $S(m)$	面积置换率
0.8	15~30m	1.6	0.227
		1.7	0.201
		1.8	0.179
		1.9	0.161
		2.0	0.145
		2.1	0.132
		2.2	0.120
		2.3	0.110
		2.4	0.101

2) 单桩承载力计算

单桩承载力特征值 R_a 应通过现场静载荷试验确定;初步设计时可按下列两式估算,取两者中的小值。

$$R_a = \eta f_{cu} A_P \tag{5-1}$$

$$R_a = u_p \sum_{i=1}^{n} q_{si} l_i + \alpha_p q_p A_p \tag{5-2}$$

式中: f_{cu}——与加固土桩桩身水泥土配合比相同的室内加固土试块(边长 70.7mm 的立方体)在标准养护条件下 90d 龄期的抗压强度平均值(kPa);

η——桩身强度折减系数,干法取 0.2~0.3,湿法取 0.25~0.33;

A_p——桩的截面面积(m^2);

u_p——桩的周长(m);

n——桩长范围内所划分的土层数;

q_{si}——桩周第 i 层土的侧阻力特征值(kPa);

q_p——桩端地基土未经修正的承载力特征值(kPa);

α_p——桩端天然地基土的承载力折减系数,取 0.4~0.6,承载力高时取低值。

3) 复合地基承载力的计算

复合地基承载力特征值 f_{spk} 应通过现场单桩复合地基或多桩复合地基静载荷试验确定,初步设计时可按下式估算:

$$f_{spk} = m \frac{R_a}{A_p} + \beta(1-m) f_{sk} \tag{5-3}$$

式中: R_a——单桩承载力特征值(kN);

β——桩间土承载力折减系数;当桩端土未经修正的承载力特征值大于桩周土的承载力特征值的平均值时,可取 0.1~0.4,差值大时取低值;当桩端土未经修正的承载力特征值小于或等于桩周土的承载力特征值的平均值时,可取 0.5~0.9,差值大时或设置垫层时取高值;

f_{sk}——处理后桩间土承载力特征值(kPa);

m——置换率。

4)置换率和总桩数的计算

在通常的设计过程中,根据要求的地基承载力和单桩设计承载力,按下式即可求得所需的置换率:

$$m = \frac{f_{spk} - \beta f_{sk}}{\dfrac{R_a}{A_p} - \beta f_{sk}} \tag{5-4}$$

总桩数可按下式计算:

$$n = \frac{mA}{A_p} \tag{5-5}$$

式中:A——处理面积;

A_p——桩的截面面积。

5)沉降计算

复合地基的沉降计算应包括复合地基加固区的沉降计算和加固区下卧层的沉降计算。

(1)复合地基加固区的沉降 S_i 可按式(5-6)和式(5-7)计算。

$$S_i = \sum_{i=1}^{n} \frac{\Delta p_i}{E_{psi}} \Delta h_i \tag{5-6}$$

$$E_{psi} = mE_p + (1-m)E_{si} \tag{5-7}$$

式中:E_{psi}——各分层的桩土复合压缩模量(kPa);

E_p——桩体压缩模量(kPa);

E_{si}——各分层的土体压缩模量(kPa)。

(2)加固区下卧层的沉降可按《建筑地基基础设计规范》(GB 50007—2011)的有关规定计算。

5.1.3 施工要求

(1)搅拌桩桩顶应铺设 30~50cm 的垫层,材料可选用灰土、级配碎石及砂砾等,宜设置加筋材料。

(2)搅拌桩与竖向排水体联合使用的路段,应先施工搅拌桩。

(3)水泥浆搅拌时间不应小于 4min,水泥浆液搅拌均匀后应过筛,储浆池内水泥浆应继续搅拌,不应使用超过 2h 的浆液。

(4)单向搅拌应采用下沉、上提、下沉、上提的四次搅拌,双向搅拌应根据试桩确定下沉和上提次数。

(5)搅拌头转速应与下沉、提升速度匹配,下沉、上提速度不宜大于 0.8m/min,钻速不宜小于 40r/min。

（6）搅拌桩施工中因故停止时，若停机不超过 3h，应将搅拌头下沉至停浆（灰）面以下 1m 进行搭接施工，否则应在旁边补桩。

（7）应定期检查搅拌头直径，磨耗量不应超过 10mm。

（8）浆喷搅拌桩配备的注浆泥浆泵工作压力不宜小于 5.0MPa。

（9）施工过程中遇到异常情况时，应及时通知相关单位。

（10）应根据地质资料、试桩结果，结合钻进电流确定搅拌桩施工长度。

（11）当搅拌桩施工导致既有边坡开裂时，应采取跳桩施工、分区施工、放慢施工进度等措施。

（12）水泥土搅拌桩试桩应注意以下要点：

①确定每根搅拌桩水泥用量。

②确定搅拌下沉、上提的速度和重复搅拌下沉、上提速度。

③根据不同掺和比确定技术参数。

④检验施工设备及选定的施工工艺。

⑤校核单桩、复合地基承载力。

⑥根据单桩承载力试验确定施工掺和比，取得可靠的、符合设计要求的工艺控制数据，以便指导水泥土搅拌桩大面积施工。

5.1.4 质量检验

（1）软土含水率小于 70% 时，质量检验可在成桩 28d 后进行；软土含水率大于 70% 时，质量检验应在成桩 90d 后进行。

（2）应挖出所有桩头，检验桩数，随机选取 5% 的桩检验桩距、桩径。

（3）应随机选取 0.5% 且每个工点不少于 5 根桩，采用双管单动取样器进行抽芯。

（4）每根抽芯的桩，应每隔 2m 选取一组芯样，进行无侧限抗压强度试验，桩身水泥土抗压强度应大于设计值。

（5）应随机选取桩总数的 0.1% 且每个工点不少于 3 根桩进行单桩静载试验。

5.1.5 应用案例

分别介绍普通桩径、大直径水泥土搅拌桩应用案例。案例均采用喷浆型水泥土搅拌桩，普通桩径水泥土搅拌桩桩径小于或等于 80cm，大直径水泥土搅拌柱桩径大于 80mm。

1）普通桩径水泥土搅拌桩复合地基法

（1）工程概况

以翠亨新区香海路北段道路工程为例，该道路为改造工程，现状为双向二、四车道，拓宽改造为双向四、六车道，规划为城市主干路，红线宽度 60m，于 2022 年 4 月开工建设。香海路北段开工前现状见图 5-2。

图5-2 香海路北段开工前照片

（2）工程地质条件

香海路北段地质剖面图如图5-3所示。

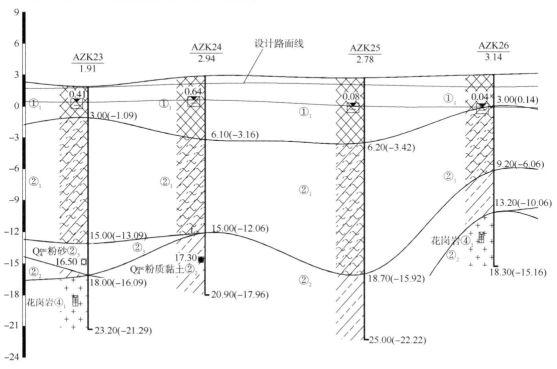

图5-3 香海路北段地质剖面图（高程单位：m）

注：勘察资料时间2021年12月。

①₁ 填土:灰色、灰黄色、褐黄色,主要由花岗岩风化层组成,可塑,土质不均匀,硬杂质含量大于25%,含粉细砂、碎石、块石、角砾,稍湿~饱和,松散~稍压实状。层厚1.4~6.7m,平均层厚3.89m。

①₂ 填石:灰白、褐红色,主要由碎石组成,松散~稍密状,充填物主要为粉细砂、黏粒,碎石为棱角状,粒径大小不均一,含量大于50%,平均层厚1.4m。

②₁ 淤泥质土:深灰色、灰黑色,流塑~软塑,以黏粒为主,土质不均匀,断续夹薄层粉细砂,局部含腐殖质及贝壳碎屑,含有机质,具腥臭味。层厚1.8~14.4m,平均层厚7.87m。

②₂ 粉质黏土:灰黄色、浅灰色,软可塑状,土质不均匀,主要由黏粒和粉粒组成,局部含较多细砂,韧性及干强度中等,层厚1.7~8.1m,平均层厚4.51m。

②₃ 粉砂:深灰色、灰白色,稍密~中密,饱和,以粉细砂为主,黏粒含量约30%,含少量有机质,层厚0.8~6.8m,平均层厚2.92m。

③残积土:灰褐色、灰黄色,可塑~硬塑,为花岗岩风化残积土,除石英外,长石、云母等矿物已全部风化为土状,原岩结构破坏不可辨认,遇水易软化,层厚1.6~9m,平均层厚5.55m。

香海路北段岩土参数岩土力学指标见表5-2。

香海路北段岩土参数岩土力学指标表　　　　　表5-2

序号	地层编号	岩土名称	地基承载力特征值 $[f_{a_0}]$(kPa)	基底摩擦系数 f	压缩模量 E_s(MPa)	重度 γ(kN/m³)	黏聚力 c(kPa)	内摩擦角 φ(°)
			推荐值		平均值		标准值	
1	①₁	填土	50	0.32	3.16	18.1	18	13.8
2	①₂	填石	80	0.4	13	19	—	—
3	②₁	淤泥质土	46	0.25	1.45	16.2	3.2	2.7
4	②₂	粉质黏土	115	0.3	4.31	18.6	20.7	16
5	②₃	粉砂	100	—	20	18	0	29.6
6	③	残积土	240	—	5.2	18.6	17.7	23.5

(3)技术方案

香海路拓宽部分全线采取水泥土搅拌桩法处理,桩长超过15m时采用双向水泥土搅拌桩,桩长15m以内时采用单向水泥土搅拌桩,水泥土搅拌桩桩径50cm,按正三角形布设,桩间距1.2m,桩长平均10.3~16.3m,桩顶设置30cm级配碎石及30cm中粗海砂垫层,垫层内设置2层TGSG5050型双向土工格栅。桩体施工完后,要求28d桩身强度达到0.6MPa,单桩容许承载力不小于60kN,复合地基承载力不小于100kPa。

施工顺序:①原地表按整平高程整平;②桩体施工;③挖除桩头超高部分至实桩顶;④桩体施工28d后,进行检测;⑤清除场地表层浮浆及松散物;⑥铺设土工格栅及砂石垫层。

断浆处治:一旦断浆,必须补浆,且与断浆处搭接长度不小于50cm,保证成桩的连续性。相邻搭接桩施工间隔不得超过6h。

双向水泥土搅拌桩施工见图5-4。

图5-4 双向水泥土搅拌桩施工

(4)适用性评价

选取香海路代表性位置,进行工程试桩,试桩数量18根,其中9根单向水泥土搅拌桩,9根双向水泥土搅拌桩。水泥土搅拌桩芯样见图5-5。

a)单向水泥土搅拌桩芯样　　　　　　　　　　b)双向水泥土搅拌桩芯样

图5-5 水泥土搅拌桩芯样

受检桩芯样主要呈柱状,少数呈块状,坚硬,局部松散。受检桩芯样试件的抗压强度代表值为1.8~10.9MPa,满足设计要求的0.6MPa。受检桩桩端持力层在受检深度范围内为残积土,与设计相符。

根据试桩结果,单向水泥土搅拌桩水泥掺量22%(70kg/m),桩身强度达到设计要求,但抽芯以Ⅲ类桩为主;水泥掺量25%(80kg/m),桩身强度满足设计要求,桩抽芯以Ⅱ类桩为主;水泥掺量28%(90kg/m),桩身强度满足设计要求,抽芯以Ⅱ类桩为主。

双向水泥土搅拌桩水泥掺量22%(70kg/m),桩身强度满足设计要求,抽芯以Ⅰ类桩为主;水泥掺量25%(80kg/m),桩身强度满足设计要求,桩抽芯以Ⅰ类桩为主;水泥掺量28%(90kg/m),桩身强度满足设计要求,抽芯以Ⅰ类桩为主。

根据地质及本次抽芯情况,本工程水泥土搅拌桩软基处理范围内存在淤泥质土层,且靠近河涌,地下水位存在潮汐现象,对成桩具有一定影响。须采取措施,降低地下水位变化对成桩及承载力的影响。

由于水泥的掺量很小,水泥水解和水化反应须在有一定活性的介质土条件下进行,土质条件对于加固土质量影响主要有两个方面,一是土体的物理力学性质对水泥土搅拌桩均匀性的影响,二是土体的物理化学性质对水泥土强度增加的影响。水泥土硬化速度缓慢且作用复杂,强度增长过程较长。因此,水泥土搅拌桩适用于处理正常固结的淤泥、淤泥质土、素填土、黏性土(软塑、可塑)、粉土(稍密、中密)、粉细砂(松散、中密)、中粗砂(松散、稍密)等土层。对于采用预压法处理的地基,为保证雨污水管道工后沉降满足正常使用要求,基础底部可采用水泥土搅拌桩处理。从道路运营情况来看,自2021年6月开放交通以来,香海路北段道路整体运营情况良好,道路感观良好,道路平整,无差异沉降,无裂缝产生。香海路北段建成后运营情况见图5-6。

图 5-6 香海路北段建成后运营情况

水泥土搅拌桩不适用于含大孤石或障碍物较多且不易清除的杂填土、欠固结的淤泥和淤泥质土、硬塑及坚硬的黏性土、密实的砂类土,以及地下水渗流影响成桩质量的土层。当地基土的天然含水率小于30%时,不宜采用粉体搅拌桩。水泥土搅拌桩用于处理泥炭土、有机质含量大于5%、pH值小于4的酸性土、塑性指数大于25的黏土,或在腐蚀性环境中使用时,必须通过现场和室内试验确定其适用性。

2)大直径水泥土搅拌桩复合地基法

(1)工程概况

以翠亨新区仁济街为例,该道路为新建道路,双向两车道,规划为城市支路,红线宽度20m,于2022年4月开工建设,为翠亨新区起步区科学城片区配套市政路网建设工程项目的一部分。仁济街工程开工前照片见图5-7。

(2)工程地质条件

工程地质条件见第2.3节马鞍岛中部软土层概况。

(3)技术方案

该道路位于马鞍岛西三围,该区域地块已陆续开发,地基处理施工需尽量减少对周边建(构)筑物的影响,尽快为周边地块提供市政配套路网。为减少地基不均匀沉降,设计单位在深厚软土路段采用大直径水泥土搅拌桩复合地基。

图 5-7 仁济街工程开工前照片

搅拌桩桩径为 0.8m,布桩方式为梅花形,间距为 2m,水泥掺量为 17.5%,水灰比为 0.55,搅拌桩长度 20m。采用 42.5 普通硅酸盐水泥,设置 40cm 厚级配碎石垫层和钢塑土工格栅。水泥土搅拌桩单桩承载力不小于 120kN,复合地基承载力要求不小于 110kPa。大直径水泥土搅拌桩横断面、平面布置见图 5-8。

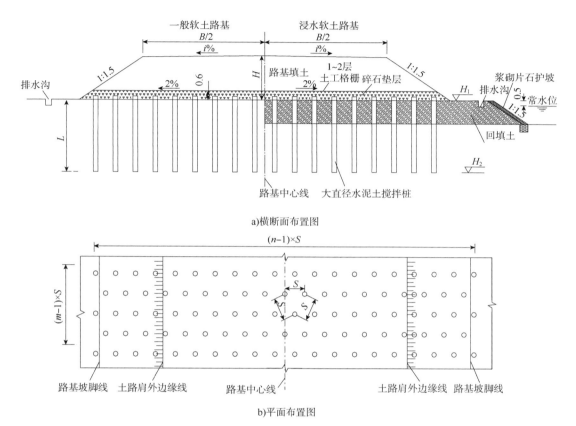

a)横断面布置图

b)平面布置图

图 5-8 仁济街大直径水泥土搅拌桩横断面、平面布置图(尺寸单位:m)

施工方法采用"四搅四喷"。施工前平整施工场地,遇有地上、地下障碍物应采取措施确保按设计图施工,保证良好的施工工作面。待深层搅拌机的冷却循环正常后,启动深层搅拌机的电机,放松起重机钢丝绳,使搅拌机沿导向架搅拌切土下沉,下沉速度 1.0~1.2m/min。一般情况下不宜冲水,当遇到较硬土层下沉太慢(超过 30min/m)时可适当冲水下沉。

搅拌机下沉到设计深度后,开动灰浆泵将水泥浆压入地基中,且边喷浆、边反旋转,同时提升搅拌机,提升速度 0.8~1.0m/min。深层搅拌机提升至设计加固深度的顶面高程时,即料斗中的水泥浆应正好排空。为使软土和水泥浆搅拌均匀,再次将搅拌机边旋转边沉入土中,至设计加固深度后再将搅拌机提升出地面。重复上下搅拌,完成后开始清洗。向集料斗中注入适量清水,开启灰浆泵,清洗全部管路中残存的水泥浆,直至基本干净,并将黏附在搅拌头的软土清洗干净。大直径水泥土搅拌桩施工见图 5-9。

图5-9 仁济街大直径水泥土搅拌桩施工

（4）适用性评价

①单桩竖向抗压承载力试验分析

对仁济街8根桩径0.8m的大直径水泥土搅拌桩进行单桩竖向抗压静载试验，结果见表5-3。

仁济街检测桩抗压静载试验结果汇总表 表5-3

序号	桩径（mm）	极限承载力（kN）	最大试验荷载（kN）	最大沉降量（mm）	残余沉降量（mm）	承载力特征值对应沉降量（mm）
1	800	≥240	240	5.43	2.99	2.63
2	800	≥240	240	2.01	1.14	1.00
3	800	≥240	240	6.27	3.50	3.11
4	800	≥240	240	13.05	9.27	7.85
5	800	≥240	240	5.23	2.56	3.29
6	800	≥240	240	3.44	1.15	1.90
7	800	≥240	240	3.10	1.03	1.29
8	800	≥240	240	1.85	0.72	0.76

综合8根受检桩检测数据，在最大试验荷载及其以下各级荷载作用下，受检桩沉降量较小且能相对稳定，最大沉降量为13.05mm，残余沉降量为9.27mm，承载力特征值对应沉降量为7.85mm。单桩竖向抗压极限承载力不小于240kN，达到或超过设计特征值的两倍，试验确定单桩竖向承载力特征值满足设计要求的120kN。

②复合地基平板载荷试验

对仁济街8根桩径0.8m的大直径水泥土搅拌桩进行单桩复合地基平板载荷试验，结果见表5-4。

仁济街平板载荷试验检测点试验结果汇总表　　　　表 5-4

序号	入土桩长 （m）	设计单桩复合 地基承载力 特征值(kPa)	极限承载力 （kPa）	最大试验荷载 （kPa）	最大沉降量 （mm）	残余沉降量 （mm）	承载力特征值 对应沉降量 （mm）
1	20	110	≥220	220	8.41	5.48	2.68
2	20	110	≥220	220	20.15	13.16	7.78
3	20	110	≥220	220	2.09	1.03	0.93
4	20	110	≥220	220	3.04	1.63	1.89
5	20	110	≥220	220	1.04	0.49	0.54
6	20	110	≥220	220	8.52	6.25	2.47
7	20	110	≥220	220	5.78	2.95	3.24
8	20	110	≥220	220	7.55	3.09	3.46

综合 8 个点的复合地基平板载荷试验数据，在各点最大试验荷载及其以下各级荷载作用下，受检桩沉降量较小且能相对稳定，最大沉降量为 20.15mm，残余沉降量为 13.16mm，承载力特征值对应沉降量为 7.78mm。地基的极限承载力达到或超过设计特征值的两倍，试验确定其承载力特征值满足设计要求的 110kPa。

③施工过程分析

水泥土搅拌桩进入淤泥层后，因土层变化，钻进速度突增，可能影响成桩质量。施工过程中需查明淤泥层深度，在钻杆进入淤泥层时放缓钻进速度，同时加大流速，增加淤泥层中水泥用量，保证成桩质量。

针对施工中桩底、桩顶成桩质量较难控制的问题，需增加钻进深度，保证桩长，钻头在桩底与桩顶停留 30~60s，对其进行充分搅拌，保证成桩质量。从道路运营情况来看，开放交通以来，仁济路道路整体运营情况良好，道路感观良好，道路平整，无差异沉降，无裂缝产生。仁济路建成后运营情况见图 5-10。

图 5-10　仁济路建成后运营情况

5.1.6　适用性评价

综合上述案例中普通桩径和大直径水泥土搅拌桩适用性评价,以及其他项目的工程经验,单向水泥土搅拌桩适用于深度不超过15m的软土路段,双向水泥土搅拌桩适用于深度不超过20m的软土路段。大直径水泥土搅拌桩适用于一般路基深厚软土地基处理,最大加固深度可达30m,特别是软土上覆土层厚度大于5m、不适宜采用真空预压的路段。与刚性桩相比,大直径水泥土搅拌桩为柔性桩,处理深厚软土地基可协调变形,有效减少地基不均匀沉降,适用于施工工期紧的项目。

5.2　高压旋喷桩复合地基法

高压旋喷桩复合地基是通过钻杆的旋转、提升,高压水泥浆由水平方向的喷嘴喷出,形成喷射流,以此切割土体并与土拌和形成水泥土竖向增强体的复合地基。施工工序为:机具就位、打入喷射管、喷射注浆、拔管和冲洗等。高压旋喷桩复合地基法横断面、平面见图5-11。

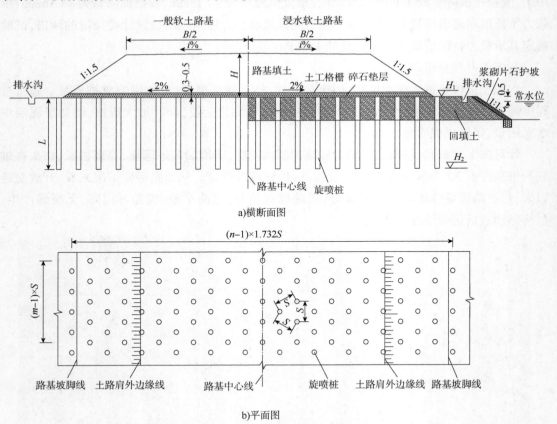

图5-11　高压旋喷桩复合地基法横断面、平面图(尺寸单位:m)

B-道路设计宽度;*S*-高压旋喷桩间距

5.2.1 适用条件

(1)与水泥土搅拌桩相比,高压旋喷桩可用于软土地基处理施工空间受到限制时(如高压线等构筑物下方)。高压旋喷桩也可用作拓宽、支挡等工程中的隔离墙。

(2)地基中有机质含量丰富或地下水流动时,应通过现场试验验证其适用性。地基土或地下水对素混凝土具有中等以上侵蚀时,不宜采用高压旋喷桩。

(3)高压旋喷桩施工时可能引起周围土体破坏和地面开裂,在软土地基处理方案选择和设计时应收集邻近既有建筑物、地下埋设物等资料,并应考虑高压旋喷桩施工扰动的影响程度。邻近现状桥梁基础的位置应慎用高压旋喷桩。

(4)高压旋喷桩施工深度超过25m后,桩身质量较难控制,因此施工深度宜小于25m。

5.2.2 设计要点

(1)高压旋喷桩处理工法分单管法、双管法和三管法。单管法喷射高压水泥浆液一种介质,双管法喷射高压水泥浆液和压缩空气两种介质,三管法喷射水、压缩空气和水泥浆液等三种介质。市政道路通常采用单管高压旋喷桩,在深厚软土区多采用双管及三管高压旋喷桩,桩径宜采用50~80cm,必要时可通过现场试验确定桩径。

(2)单管旋喷桩水泥掺量宜为150~200kg/m,采用双管法时,水泥掺量宜为200~300kg/m,三管法时水泥掺量一般为400kg/m,且根据试桩情况可进行调整。喷射压力一般为20~40MPa,软土中旋喷桩28d芯样无侧限抗压强度应不小于1.5MPa。

(3)水灰比宜为0.8~1.5,必要时可掺一定比例的早强剂、速凝剂和减水剂等外加剂。水泥用量可按照下式计算:

$$m_c = \frac{\pi d^2 K_j (1+\alpha_1) \rho_m}{4(1+\alpha_2)} \quad (5-8)$$

$$\rho_m = \frac{\rho_w G_c (1+\alpha_2)}{1+\alpha_2 G_c} \quad (5-9)$$

式中:m_c——每延米水泥用量(kg/m);

d——桩径(m);

K_j——水泥浆置换率,宜取0.6~0.7;

α_1——损失系数,宜取0.1~0.2;

ρ_m——浆液密度(kg/m³),宜通过试验确定;

α_2——水灰比;

ρ_w——水的密度(kg/m³);

G_c——水泥的相对密度,可取3.1。

(4)桩身强度折减系数 η 见5.1.2节,可取0.3~0.4。

5.2.3 施工要求

(1)单管法宜采用钻孔、上提旋喷的施工工艺,双管法、三管法宜采用钻孔、插管、上提旋喷的施工工艺。

（2）钻孔位置偏差应小于50mm，竖直度偏差应小于1.0%。钻孔时应记录地层分界深度，并应根据钻孔揭示的地质情况、设计要求确定钻孔深度。

（3）分段提升的搭接长度应大于0.1m。

（4）出现压力陡然下降、上升或大量冒浆等异常情况时，应查明原因并采取措施。

（5）当土质较硬或黏性较大时，可采取先喷一遍清水，再喷一遍或两遍水泥浆的复喷措施。

（6）浆液凝固回缩导致桩头低于设计高程时应采取回灌或二次注浆等措施。

（7）当旋喷桩施工导致既有边坡、建筑物、路堤开裂或位移较大时，应采取跳桩、分区施工、添加速凝剂、降低旋喷压力、放缓施工进度等措施。

5.2.4　质量检验

（1）质量检验应在成桩28d后进行。

（2）应将所有桩头挖出，检验桩数，随机选取总数5%的桩检验桩距、桩径。

图5-12　五桂路开工前照片

（3）应随机选取总数0.5%的桩且每个工点不少于5根桩，采用双管单动取样器进行抽芯。

（4）每根抽芯的桩，应每隔2m选取一组芯样，进行无侧限抗压强度试验，桩身水泥土抗压强度应大于设计值。

（5）必要时随机选取桩总数0.1%的桩且每个工点不少于3根桩，进行静载试验。

5.2.5　应用案例

1）工程概况

以翠亨新区五桂路受高压输电线高度影响路段为例，该路段为双向六车道，规划为城市次干路，红线宽度42m，于2018年11月开工建设。五桂路开工前照片见图5-12。

2）工程地质条件

该五桂路地质剖面图见图5-13。

①人工填土：灰褐色、红褐色、褐黄色，松散，稍湿，稍密；主要由花岗岩回填而成，含少量黏性土和砂，填石块径5~40cm。层厚0.35~10m，平均层厚4.3m。

②₁淤泥：深灰色、灰黑色，流塑，有滑腻感，富含有机质，闻有腐臭味，偶见贝壳与蚝壳碎屑，局部见腐木及少许石英粉细砂。层厚1.2~19.3m，平均层厚10.5m。

②₃中砂：浅灰色、浅白色、灰褐色，饱和，稍密~中密为主，石英质，分选性差，级配好，含粉黏粒10%~15%。层厚0.6~6.5m，平均层厚2.99m。

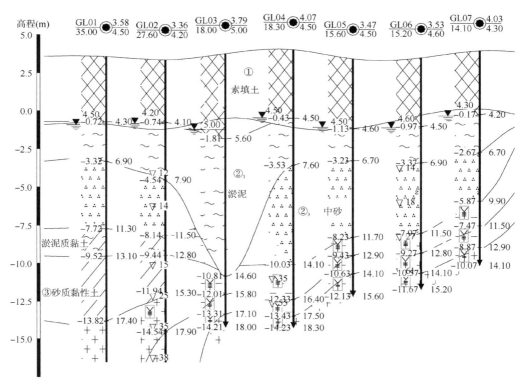

图 5-13 五桂路地质剖面图(高程单位:m)

注:勘察资料时间 2018 年 3 月。

②₄淤泥质土:深灰色、灰黑色,流塑~软塑,有滑腻感,富含有机质,闻有腐臭味,见贝壳与蚝壳碎屑,局部见腐木及少许石英粉细砂。层厚 1.3~1.8m,平均层厚 1.63m。

③砂质黏性土:褐红色、黄褐色,稍湿,可塑~硬塑状,残余原岩结构可见,由花岗岩风化残积形成,无摇振反应,干强度中等,韧性中等。层厚 1.2~5.3m,平均层厚 2.71m。

五桂路岩土力学指标见表 5-5。

五桂路岩土力学指标表 表 5-5

序号	地层编号	岩土名称	地基承载力特征值 $[f_{a_0}]$ (kPa)	压缩模量 E_s(MPa)	重度 γ (kN/m³)	黏聚力 c(kPa)	内摩擦角 φ(°)
				平均值		标准值	
1	①	人工填土	120	—	—	—	—
2	②₁	淤泥	40	1.7	16.0	3.5	3.0
3	②₃	中砂	130	4.3	19.0	—	24
4	②₄	淤泥质土	60	2.3	17.0	7.5	5.8
5	③	砂质黏性土	300	4.9	19.0	21.5	20.0

3)技术方案

本工程由于受现状高压电线安全高度限制而采用高压旋喷桩,桩径0.6cm,按正方形布设,桩间距1.4m,桩端穿透淤泥层,进入持力层大于或等于1m。桩顶设置碎石垫层(厚50cm)。本段道路范围的地质为软土路段,为保证施工质量宜采用双管法施工工艺。

旋喷桩要求桩身无侧限抗压强度大于2.0MPa。水泥浆的水灰比为0.8~1.2。桩体所用水泥为42.5级以上普通硅酸盐水泥,掺入量不小于300kg/m。复合地基承载力要求不小于130kPa,单桩设计承载力特征值不小于100kN。

高压旋喷桩施工前,应进行工艺试桩。桩体达到强度后,应人工截除桩头50cm,清土和截桩时,不得造成桩顶高程以下桩身断裂和扰动桩间土。褥垫层铺设应采用静力压实法,夯填度不大于0.9。高压旋喷桩施工垂直度偏差不应大于1%,桩位偏差不应大于0.25倍桩径。施工面高程为褥垫层顶面,桩体施工完之后再进行反开挖,人工截除桩头50cm,人工清除桩间土至桩顶高程,铺设两层锁口式钢塑土工格栅和50cm厚级配碎石褥垫层,然后按路基要求分层碾压填筑素土至路床顶。五桂路旋喷桩施工如图5-14所示。

图5-14 五桂路旋喷桩施工现场

5.2.6 适用性评价

以五桂路为例,进行适用性评价。

1)单桩竖向抗压承载力试验分析

为检测单桩承载力,采用单桩竖向抗压承载力试验,抽检7根高压旋喷桩复合地基增强体的单桩承载力,加载方式采用快速维持荷载法。在桩身两边对称设2个位移传感器,按规定时间测定沉降量,并计算桩顶平均沉降量,受检桩成桩时间均超过28d。五桂路检测桩试验结果见表5-6、图5-15。

五桂路检测桩试验结果汇总表　　　　　　表 5-6

序号	桩径 （mm）	极限承载力 （kN）	最大试验荷载 （kN）	最大沉降量 （mm）	残余沉降量 （mm）	承载力特征值 对应沉降量（mm）
1	600	≥200	200	11.08	7.38	5.47
2	600	≥200	200	38.45	34.92	8.74
3	600	≥200	200	13.92	9.93	5.87
4	600	≥200	200	11.00	6.84	6.82
5	600	≥200	200	4.71	2.60	2.39
6	600	≥200	200	7.83	5.98	4.29
7	600	≥200	200	8.93	6.46	3.36

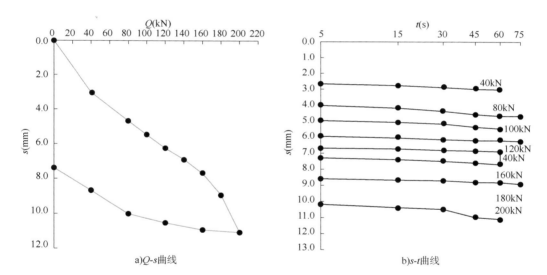

a)Q-s曲线　　　　　　　　　b)s-t曲线

图 5-15　五桂路 1 号桩 Q-s、s-t 曲线

以 1 号桩为例,试验加载到最大荷载 200kN 时,累计沉降量为 11.08mm,Q-s 曲线平缓,无明显陡降段,s-t 曲线基本呈平缓规则排列。单桩竖向抗压极限承载力大于或等于 200kN,满足设计单桩竖向承载力特征值 100kN 要求。

综合分析 7 根受检桩检测数据,在最大试验荷载及其以下各级荷载作用下,沉降量较小且能相对稳定。单桩竖向抗压极限承载力达到或超过设计特征值的两倍,试验确定单桩竖向承载力特征值满足设计要求的 100kN。

2) 复合地基平板载荷试验分析

采用如图 5-16 所示的平板载荷试验,抽检 7 个点检测高压旋喷桩复合地基承载力,在承压板两边对称设 4 个位移传感器,按规定时间测定沉降量,并计算承压板平均沉降量,结果见表 5-7、图 5-17。

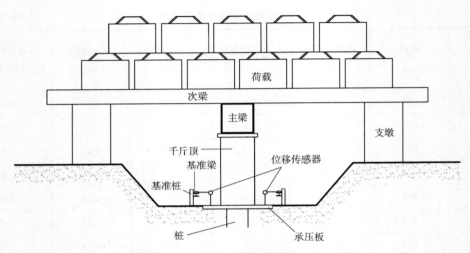

图 5-16　五桂路平板载荷试验检测加载示意图

五桂路平板载荷试验检测点试验结果汇总表　　　　　　　　　　　　表 5-7

序号	压板面积 （m²）	承载力极限值 （kPa）	最大试验荷载 （kPa）	最大沉降量 （mm）	残余沉降量 （mm）	承载力特征值对应 沉降量（mm）
1	3.24	≥260	260	6.42	4.63	4.01
2	3.24	≥260	260	17.42	13.50	12.75
3	3.24	≥260	260	10.68	7.46	7.73
4	3.24	≥260	260	17.28	10.90	12.94
5	3.24	≥260	260	10.00	8.84	9.46
6	3.24	≥260	260	8.60	3.30	6.88
7	3.24	≥260	260	8.25	7.44	7.90

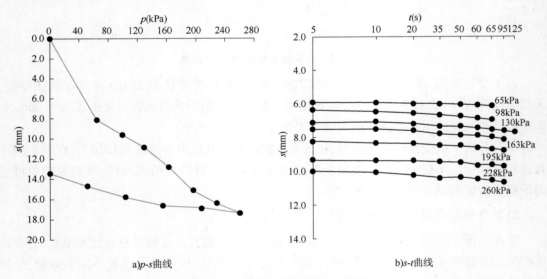

a)p-s曲线　　　　　　　　　　　　　　　b)s-t曲线

图 5-17　五桂路 2 号桩 p-s、s-t 曲线

以 2 号桩为例,试验加载到最大荷载 260kPa 时,累计沉降量为 17.42mm,p-s 曲线平缓,s-t 曲线基本呈平行排列,复合地基承载力特征值满足设计要求的 130kPa。

综合 7 个点的复合地基平板载荷试验数据,在各点最大试验荷载及其以下各级荷载作用下,沉降量较小且能相对稳定。地基的极限承载力达到或超过设计特征值的两倍,试验确定其承载力特征值满足设计要求的 130kPa。

3)钻芯法试验数据分析

采用广东省探矿机械厂生产的 GY-1A 型钻机进行钻孔抽芯,共钻 27 个孔,检测 27 根桩。在桩钻孔水泥土芯的上部、中部、下部各取一组有代表性的水泥土芯样,共取水泥土芯样 81 组进行抗压强度试验,五桂路钻孔芯样见图 5-18。

图 5-18 五桂路钻孔芯样图

受检桩芯样主要呈柱状及块状,喷浆均匀,胶结较好,均匀性良好。检测 I 类桩 4 根,占所测桩数 14.8%;II 类桩 23 根,占所测桩数 85.2%。受检桩水泥土芯样试件抗压强度值在 3.1~13.5MPa 范围内,满足设计 28d 抗压强度不小于 2.0MPa 的要求。受检桩检测桩长与施工桩长基本相符。从道路运营情况来看,开放交通以来,五桂路道路整体运营情况良好,道路感观良好,道路平整,无差异沉降,无裂缝产生。五桂路完工后效果如图 5-19 所示。

图 5-19 五桂路完工后效果

综合以上检测结果,高压旋喷桩成桩效果好,单桩承载力和复合地基承载力满足设计要求,适用于处理淤泥、淤泥质土、黏性土(流塑、软塑和可塑)、粉土、砂土、素填土和碎石土等地基。高压旋喷桩属于加固土桩,用于软土地基路段可提高地基承载力、协调变形、有效减少地基不均匀沉降。与水泥土搅拌桩相比,高压旋喷桩更适用于净空受限的特殊路段。

5.3 水泥粉煤灰碎石桩复合地基法

水泥粉煤灰碎石(Cement Fly-ash Gravel,CFG)桩是由水泥、粉煤灰、碎石等混合料加水拌和,在土中灌注形成竖向增强体的复合地基。水泥粉煤灰碎石桩(CFG 桩)施工工艺分为长螺旋钻孔灌注成桩、长螺旋钻中心压灌成桩、振动沉管灌注成桩和泥浆护壁成孔灌注成桩等。

水泥粉煤灰碎石桩复合地基法横断面、平面见图 5-20。

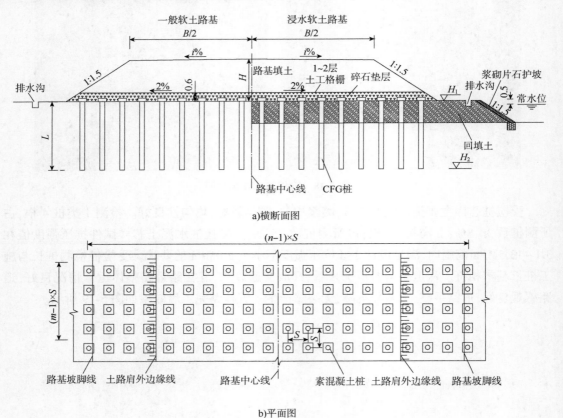

a)横断面图

b)平面图

图 5-20 水泥粉煤灰碎石桩复合地基法横断面、平面图(尺寸单位:m)
B-道路设计宽度;*S*-高压旋喷桩间距

5.3.1 适用条件

(1)软土深度大于 20m 或路堤高度大于 7m 的路段。

(2)工期要求紧的路段。

（3）泥炭土或含水率大于60%的软黏土地基等路段。

（4）旧路沉降基本结束的拓宽工程。

（5）桩持力的基岩面倾斜严重且基岩上硬土层较薄时应慎用。

（6）沉管灌注桩、长螺旋钻孔灌注桩处理深度宜小于25m，在含水率大于65%或有较高承压水时的软土地基应通过试桩确定适用性。

5.3.2　设计要点

1）设计参数

（1）直径宜为0.4~0.5m，沉管法施工时混凝土抗压强度等级宜为C15~C20，长螺旋钻孔管内泵压法施工时宜为C20~C25，最大长度不宜大于30m，桩间距宜取4d~5d（d-桩径）。

（2）灌注桩上部宜插设3~4根、长度为4~6m的钢筋。

（3）桩底应穿透软土层进入硬土层不少于2m。

（4）垫层厚度宜取0.3~0.5m，当桩径大或桩距大时，垫层厚度宜取高值。

桩基设计参数见表5-8。

桩基设计参数表　　　　　　　　　　　　　　　　　　　表5-8

桩径 D（m）	桩间距 S（m）	布桩方式	面积置换率 m
0.4	1.6	正方形	0.049
	1.8		0.039
	2		0.031
	2.2		0.026
	2.4		0.022
0.5	2		0.049
	2.2		0.041
	2.4		0.034
	2.6		0.029
	2.8		0.025
	3.0		0.022

2）单桩承载力计算

单桩承载力特征值R_a应通过现场静载荷试验确定。初步设计时可按下列两式估算，取两者中的小值。

$$R_a = \frac{\psi_c f_c A_P}{1.3} \tag{5-10}$$

$$R_a = u_p \sum_{i=1}^{n} q_{si} l_i + \alpha_p q_p A_p \tag{5-11}$$

式中：f_c——轴心抗压强度设计值（kPa）；

ψ_c——成桩工艺系数；

u_p——桩的周长（m）；

n——桩长范围内所划分的土层数；

q_{si}——桩周第 i 层土的侧阻力特征值（kPa）；

q_p——桩端地基土未经修正的承载力特征值（kPa）；

α_p——桩端天然地基土的承载力折减系数，取 1.0。

3）复合地基承载力计算

复合地基承载力特征值应通过现场单桩复合地基或多桩复合地基静载荷试验确定。初步设计时复合地基承载力按照第 5.1.2 节估算，桩间土承载力折减系数 β 取 0.9～1.0。

4）沉降计算

加固区沉降按第 5.1.2 节计算，加固区压缩模量可按下式计算：

$$E_{sp} = E_s \frac{f_{spk}}{f_{sk}} \tag{5-12}$$

式中：E_{sp}——加固区压缩模量（kPa）；

E_s——土的压缩模量（kPa）；

f_{spk}——复合地基承载力特征值（kPa）；

f_{sk}——天然地基承载力特征值（kPa）。

5.3.3　施工要求

(1)采用长螺旋钻孔管内泵压法施工时，应在钻杆芯管充满混合料后开始拔管。

(2)沉管法施工时，应在桩管内灌满混凝土后原位留振 5～10s 再振动拔管，每拔出 0.5～1.0m 应停拔留振 5～10s。一般土层中提管速度宜为 1.0～1.2m/min，软土层中提管速度宜为 0.3～0.8m/min。

(3)无砂混凝土可采用下插注浆管、投放碎石、注浆的施工工艺或注浆、投放碎石的施工工艺。

(4)桩顶施工高程高出设计高程不宜小于 0.3m。

(5)灌注桩充盈系数不应小于 1.0，超过 1.5 时应分析原因，必要时改变桩型或地基处理方案。

5.3.4　质量检验

(1)灌注桩应在成桩 28d 后进行质量检验。

(2)应挖出所有桩头检验桩数，随机选取 5% 的桩检验桩距。灌注桩应结合充盈系数记录检查桩径。

(3)应随机选取 10% 的桩进行低应变试验，检测桩身完整性和桩长。桩长和施工记录偏差应不小于±20cm。灌注桩应随机选取总数 0.1% 的桩且每个工点不少于 3 根桩抽芯检查桩长、桩端土和桩身强度。桩端土应符合设计要求,桩身强度应不小于设计要求。

(4)应随机选取结构物下混凝土桩总数 0.1% 的桩且每个工点不少于 3 根桩,进行静载试验和高应变试验。

5.3.5 应用案例

1)工程概况

以翠亨新区东汇路(翠珠道)为例,东汇路(翠珠道)为新建道路,双向六车道,城市次干路,为翠亨新区马鞍岛环岛路工程第一标段的一部分,东汇路(翠珠道)开工前照片见图 5-21。

图 5-21 东汇路(翠珠道)开工前照片

2)工程地质条件

工程地质条件同第 4.1.5 节应用案例。

3)技术方案

道路填土高度 1.8~8m,淤泥厚度 20~30m,道路两侧用地均填土开发,不存在路基不稳定问题,软基处理主要解决沉降问题,道路软基处理采用水泥粉煤灰碎石桩。

采用水泥粉煤灰碎石桩+桩帽+土工格栅的方式处理软基。水泥粉煤灰碎石桩采用直径 40cm,间距 2.4m×2.4m,桩体强度采用 C25;桩帽采用 C40 混凝土,平面尺寸为 1.4m×1.4m,厚度 0.35m。桩顶处铺设 100cm 厚的石屑垫层,桩顶伸入桩帽 5cm;桩帽顶以上铺设 2 层双向钢塑格栅,格栅间距 25cm,中间用石屑回填。

每个工点正式施工前,应在勘察孔附近进行不少于 5 根工艺性试桩,评价挤桩效果,检验施工设备适宜性,确定施工控制参数。正常施工参数下,灌注桩扩孔系数过大,应重新评价处理方法的适应性。东汇路(翠珠道)水泥粉煤灰碎石桩处理横断面见图 5-22。

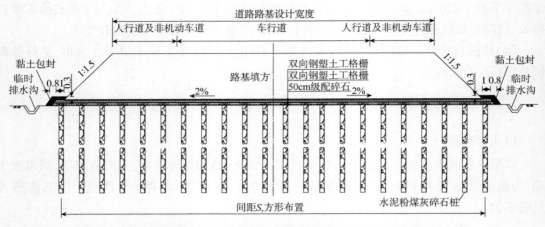

图 5-22　东汇路(翠珠道)水泥粉煤灰碎石桩处理横断面图(尺寸单位:m)

图 5-23　东汇路(翠珠道)水泥粉煤灰碎石桩
现场施工图

东汇路(翠珠道)水泥粉煤灰碎石桩现场施工见图 5-23。

5.3.6　适用性评价

以东汇路(翠珠道)为例,进行适用性评价。

采用低应变法、钻芯法和载荷试验法对成桩后的桩身完整性、强度、承载力进行检测,以评价其适用性。

1)低应变法

利用武汉岩海 RS-1616K(S)基桩动测仪,采用低应变法检测水泥粉煤灰碎石桩桩身结构完整性。共检测 255 根工程桩,其中Ⅰ类桩 218 根,占总桩数 85.5%;Ⅱ类桩 218 根,占总桩数 6.27%;Ⅲ类桩 218 根,占总桩数 1.57%;Ⅳ类桩 218 根,占总桩数 6.66%。

2)钻芯法

采用钻芯法检测东汇路(翠珠道)水泥粉煤灰碎石桩桩身混凝土均匀程度、混凝土的胶结情况、桩端持力层以及桩长。

(1)桩身质量

共检测 30 根桩,其中Ⅰ类桩 23 根,占总桩数 76.7%;Ⅱ类桩 6 根,占总桩数 20%;Ⅳ类桩 1 根,占总桩数 3.3%。

(2)桩身强度

共检测 30 根桩,其芯样抗压强度代表值为 15.1～23MPa,设计强度为 C15,检测结果均满足设计要求(C15 混凝土轴心抗压强度设计值 7.2MPa)。

（3）桩端持力层

共检测 30 根桩,5 根受检桩钻至桩底,设计桩端持力层为砂层或黏土层。3 根受检桩桩端持力层为黄褐色粉质黏土,满足设计持力层为粉质黏土的要求。2 根受检桩桩端持力层为黑色淤泥质土,不满足设计要求。

（4）检测桩长

共检测 30 根桩,5 根受检桩钻至桩底(其中 2 根桩长与设计相符,3 根桩桩长比设计短),其余 25 根受检桩因异常情况未钻至桩底。

3) 载荷试验

采用地基平板载荷试验检测水泥粉煤灰碎石桩地基承载力特征值,受检测的地基点数为 21 个,最大试验荷载为 260kPa。

以沉降最大的试验点为例,试验加载到最大荷载 260kPa 时,累计沉降量为 26.55mm,Q-s 曲线平缓,s-t 曲线基本呈平行排列,该点的地基极限承载力不小于 260kPa,地基承载力特征值不小于 130kPa,满足设计要求。

综合 21 个点的复合地基平板载荷试验数据,在各点最大试验荷载及其以下各级荷载作用下,沉降量较小且能相对稳定。地基的极限承载力达到或超过设计特征值的两倍,试验确定其承载力特征值满足设计要求的 130kPa。

结合钻芯法、低应变法和载荷试验法的检测结果,水泥粉煤灰碎石桩成桩效果较好,桩身质量较高,桩身强度和复合地基承载力均满足设计要求。从道路运营情况来看,开放交通以来,东汇路(翠珠道)段道路整体运营情况良好,道路感观良好,道路平整,无差异沉降,无裂缝产生。道路运营情况见图 5-24。对于黏性土、粉土、砂土和自重固结已完成的素填土地基,水泥粉煤灰碎石桩可有效提高地基承载力,减少地基不均匀沉降。水泥粉煤灰碎石桩适用于工期要求紧的路段,对于处理淤泥质土需要根据现场试验确定其适用性。

图 5-24　东汇路(翠珠道)建成后运营情况

5.4　预应力高强度混凝土管桩复合地基法

预应力高强度混凝土管桩复合地基法充分利用预应力高强度混凝土管桩强度高的特性,能有效向深层土体传递荷载,同时有效降低加固区的沉降变形量,从而降低地基的总沉降量。管桩沉桩施工方法有:锤击法、静压法、震动法、射水法、预钻孔法及中掘法等。预应力高强度混凝土管桩复合地基法横断面、平面见图 5-25。

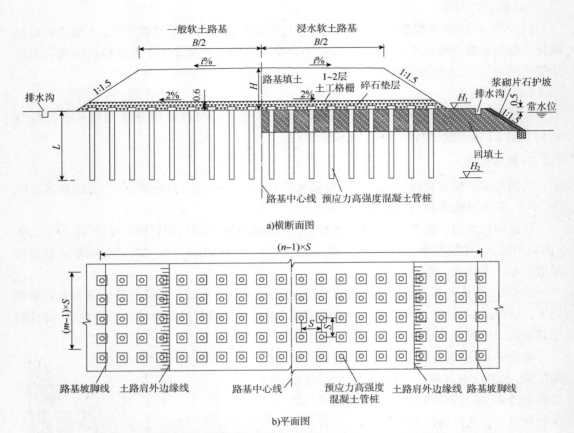

a)横断面图

b)平面图

图 5-25　预应力高强度混凝土管桩复合地基法横断面、平面图（尺寸单位：m）

B-道路设计宽度；S-预应力高强度混凝土管桩间距

5.4.1　适用条件

（1）适用于软土深度大于 20m 或路堤高度大于 7m 的路段。桩（帽）顶面与路面结构之间的填土厚度小于 2m 的路段不宜采用预应力高强度混凝土管桩复合地基。

（2）工期要求紧的路段。

（3）泥炭土或含水率大于 60% 的软黏土地基等路段。

（4）旧路沉降基本结束的拓宽工程。

（5）桩持力的基岩面倾斜严重且基岩上硬土层较薄时应慎用。

5.4.2　设计要点

1）设计参数

（1）预应力高强度混凝土管桩直径宜采用 400~500mm，桩间距宜采用 2~3.5m 且不宜小于 5 倍桩径。

（2）加固范围不宜小于路堤底宽，宜正方形布置。刚性桩应穿透软土层进入硬土层不小于 3m。

（3）管桩宜采用机械接头，管桩分节时应采用封闭式桩尖。

（4）桩帽覆盖率不宜小于 25%，且桩帽之间的净间距不宜大于桩帽顶面与路床顶面距离的 0.5 倍。路堤附近可能出现开挖、降水等情况时应减少桩帽净间距与桩帽以上填土厚度的比值。

（5）桩帽厚度宜大于桩帽悬臂长度的 0.6 倍，且不应小于 0.35m。

（6）桩帽混凝土强度等级不宜低于 C25，桩帽宜现浇施工。宜采用方形，桩帽上边缘宜设不小于 20mm 宽的 45°的倒角。

（7）桩顶进入桩帽应不少于 5cm，桩和桩帽之间宜采用钢筋连接，锚固长度不得小于 35 倍钢筋直径。

（8）桩帽以上宜设置厚度不小于 0.5m 的砂、碎石或砾石组成的垫层。桩帽顶应设置水平加筋材料，加筋材料应覆盖所有桩帽。

（9）加筋材料设计抗拉强度对应的安全系数不应小于 2.5，设计抗拉强度对应的延伸率宜小于 3%，蠕变延伸率宜小于 1%，累计延伸率宜小于极限抗拉强度对应的延伸率的 70%。

（10）第一层加筋材料外的加筋抗拉强度应乘以 0.6 的折减系数。

常用桩径 400mm 的预应力高强度混凝土管桩设计参数见表 5-9。

预应力高强度混凝土管桩设计参数 表 5-9

桩径 D（m）	桩间距 S（m）	布桩方式	面积置换率 m
0.4	2	正方形	0.031
	2.2		0.026
	2.4		0.022
	2.6		0.019
	2.8		0.016
	3		0.014

2）单桩承载力计算

单桩竖向极限承载力 Q_{uk} 应根据现场载荷试验确定，初步设计按下式估算，取两者中的小值。

$$Q_{uk} = 1.5\psi_c f_c A_P \tag{5-13}$$

$$Q_{uk} = u_p \sum_{i=1}^{n} q_{sik} l_i + q_{pk} A_p \tag{5-14}$$

单桩极限承载力计算应满足下式要求。

$$Q_{uk} \geq D^2 \gamma_f (KH + H_m) \tag{5-15}$$

3）复合地基承载力计算

复合地基承载力特征值应通过现场单桩复合地基或多桩复合地基静载荷试验确定。初步设计时参照 5.1.2 小节"3）复合地基承载力的计算"计算。

4）沉降计算

刚性桩沉降 $S_{总}$ 主要由桩帽刺入量 S_1、桩底刺入量 S_2 和下卧层沉降 S_3 组成：

$$S_{总} = S_1 + S_2 + S_3 \tag{5-16}$$

S_1 取下式中的较小值：

$$S_1 = \frac{(H-H_m)\gamma_f(n_c-1)b(1-\mu)}{2E_{st}(1-\mu-2\mu^2)(1-m_c+m_c n_c)} \tag{5-17}$$

$$S_1 = \frac{(H-H_m)(n_c-1)(1+m_c)(D-b)}{2\sqrt{2}E_{st}\tan\varphi_f(1-m_c+m_c n_c)} \tag{5-18}$$

S_2 取下式中的较小值：

$$S_2 = \frac{\lambda H\gamma_f(n_b-1)(1+m)(D-0.886d)}{2\sqrt{2}E_{st}(1+m+mn_b)\tan\varphi_b} \tag{5-19}$$

$$S_2 = \frac{\lambda H\gamma_f(n_b-1)d}{2\kappa E_{sb}(1+m+mn_b)} \tag{5-20}$$

下卧层沉降 S3 可采用分层总和法计算。

上式中：H——包括汽车荷载、路面、工作垫层的等效填土高度（m）；

H_m——工作垫层厚度（m），通常取 0.5～1.5，水塘 H_m 取大范围值；

γ_f——填土重度（kN/m³）；

φ_f——路堤填料综合内摩擦角（rad）；

E_{st}——桩帽之上路堤土的压缩模量（kPa）；

b——桩帽边长（m）；

D——桩间距（m）；

m_c——桩帽覆盖率；

n_c——桩帽顶面高程处桩土应力比；

μ——泊松比，无试验资料时泊松比宜取碎石土 0.27、砂土 0.30、粉土 0.35、粉质黏土 0.38、黏土 0.42；

λ——下卧层顶面平均附加应力与 $H\gamma_f$ 的比值；

φ_b——桩底土内摩擦角（rad），对于黏性土取固结快剪内摩擦角；

E_{sb}——桩底土压缩模量（kPa）；

κ——变形模量和压缩模量的比值，无经验时可取 1；

n_b——桩底面处桩土应力比。

5.4.3　施工要求

（1）除采用静压施工外，刚性桩宜进行试桩，试桩应在勘察孔附近，试桩数量不宜少于 3 根。

（2）施工顺序应符合下列要求：

①应由路堤中间向两侧施工,由既有结构物向远处施工。

②应采用后退式施工,避免施工机械挤压已施工的刚性桩。

③改河工程附近的刚性桩宜在改河后施工。

④桥台附近的挤土型刚性桩应在桥台桩基之前施工。

⑤刚性桩复合地基与排水固结法联合应用时,宜先施工竖向排水体,在排水垫层上施工约0.5m厚填土后再施工桩体。

(3)刚性桩施工方法应根据桩型、地质情况、施工环境、设备情况等综合选择,刚性桩沉桩或成孔应符合下列要求:

①预制桩可采用锤击法或静压法施工,宜采用静压法施工。

②采用静压法时,每个工点应进行压桩力率定。

③采用锤击法时,宜采用液压打桩锤并使用打桩自动记录仪,冲锤的冲击力不应小于设计单桩竖向极限承载力。

④管桩分节时应设置封口型桩尖,并应采取措施,避免泥砂等进入管桩内。

⑤软基中筒桩施工应采用向内侧套管挤土的桩尖。

⑥刚性桩桩径偏差不宜大于−20mm,桩位偏差不宜大于50mm,垂直度偏差不宜大于1.0%,预制桩第一节桩的垂直度偏差不宜大于0.5%。

(4)桩的连接可采用焊接、法兰连接或机械快速连接,宜采用机械快速连接。

5.4.4 质量检验

质量检验应符合下列要求:

(1)预制管桩宜在施工7d后检验。

(2)应挖出所有桩头检验桩数,现场随机选取总数2%的桩检验桩距。

(3)低应变动测法检验桩不小于总数5%,测绳法检验桩不小于总数50%。路堤高度超过极限填土高度的路段尚应满足每50m长新建路段不少于2根总数,拓宽路段不少于1根总数。

(4)应现场随机选取不少于总数0.2%的桩且不少于3根刚性桩进行单桩静载试验或高应变动测试验,高应变动测试验应经单桩静载试验对比验证。路堤高度超过天然地基极限填土高度的路段尚应满足每50m长新建路段不少于2根总数,拓宽路段不少于1根总数。

5.4.5 应用案例

1)工程概况

以翠亨新区未来大道(旧路改造部分)为例,未来大道北起规划和耀路,南至南浦路,为贯穿马鞍岛南北的主干道,长约9.17km,设计速度60km/h,全线分新建道路与旧路改造部分,自北向南互相交错,旧路改造部分软基处理采用预应力高强度混凝土管桩工艺,新建道路部分采用预应力高强度混凝土管桩+旋喷桩处理工艺,全路于2018年11月开工建设,主线部分于2022年9月完工。项目路基软土层发育,具有分布广、厚度大、承载力低、高压缩性的特点。特殊路基处理的复合地基承载力不小于100kPa。未来大道(旧路改造部分)开工前照片见图 5-26。

a)旧路改造部分

b)新建道路部分

图 5-26 未来大道(旧路改造部分)开工前照片

2)工程地质条件

根据现场钻孔勘察资料,未来大道(旧路改造部分)地质剖面图如图 5-27 所示,该工点岩土层自上而下依次为:

①₂ 素填土:灰黄、灰褐、棕红等杂色,主要由黏性土、砂质黏性土、碎石及砂土回填而成,局部含较厚填石、建筑垃圾,堆填时间在 10 年以内。稍湿,松散,局部稍压实,土质不均匀。层厚 0.70~17.00m。

②₁ 流塑淤泥:灰黑色,以黏粒为主,含较多粉细砂,局部含大量腐木和少量贝壳碎屑,夹粉细砂薄层,饱和,呈流塑状态为主,埋深 0~17.00m,层厚 0.80~43.60m。

③₁ 可塑粉质黏土:广泛分布于场区。花斑色为主,局部呈灰白色、灰黄色、黄褐色;可塑;土质一般较均匀,具砂感,局部砂感较强。层顶埋深 14.20~37.10m,层厚 0.50~6.60m。

③₃ 流塑状淤泥质土:灰黑色,灰色,饱和,松散,粒径较均匀,淤泥质含量占 20%~30%,局部含少量黏性土。层顶埋深 28.60~33.70m,层厚 0.70~3.50m。

③₅ 中(粗)砂:揭露于场区部分钻孔。黄色、灰色、灰白色,饱和,中密,部分稍密;粒径不均匀,深部局部相变为砾砂。层顶埋深 21.20~46.00m,层厚 0.70~9.50m,平均 3.50m。

④₁ 砂质黏性土:揭露于场区部分钻孔。灰黄色、黄褐色、棕黄色,硬塑,土质不均匀,遇水易软化、崩解。层顶埋深 17.90~38.90m,层厚 0.50~7.10m。

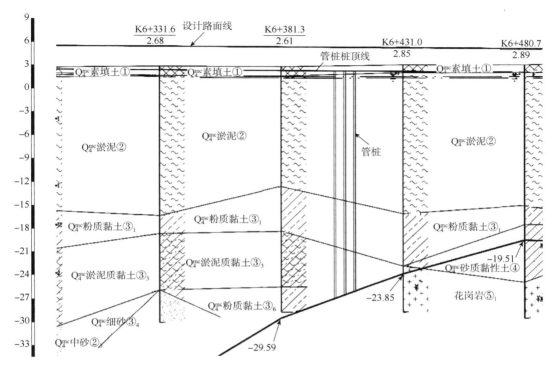

图 5-27　未来大道(旧路改造部分)**地质剖面图**(高程单位:m)

注:勘察资料时间 2016 年 11 月。

未来大道(旧路改造部分)岩土力学指标见表 5-10。

未来大道(旧路改造部分)**岩土力学指标表**　　表 5-10

序号	地层编号	岩土名称	地基承载力特征值 $[f_{a_0}]$ (kPa)	压缩模量 E_s(MPa)	重度 γ(kN/m³)	黏聚力 c(kPa)	内摩擦角 φ(°)
				平均值		标准值	
1	①₂	素填土	70	4.00	19.4	10.0	10.0
2	②₁	淤泥	40	1.80	16.2	3.0	5.0
3	③₁	粉质黏土	160	5.00	19.9	10.0	15.0
4	③₃	淤泥质土	60	6.00	17.5	12.0	0.0
5	③₅	中、粗砂	220	15.00	19.5	30.0	0.0
6	④₁	砂质黏性土	160	5.0	19.1	15.0	15.0

3)技术方法

沿线无现状道路,现场堆填大量废土,淤泥厚度 0.80~43.60m,采用预应力高强度混凝土管桩处理,超挖至设计整平高程后正常施工管桩及桩帽。

选用 PHC-A400(95)型管桩,混凝土强度 C80,桩直径 40cm,壁厚 9.5cm。车行道范围采用正方形布桩,间距为 2.8m。中央侧绿化带、人行与机动车道及放坡范围纵向间距保持 2.8m,横向间距增大至 2.9m。未来大道(旧路改造部分)一般路段管桩横断面、平面布置见图 5-28。

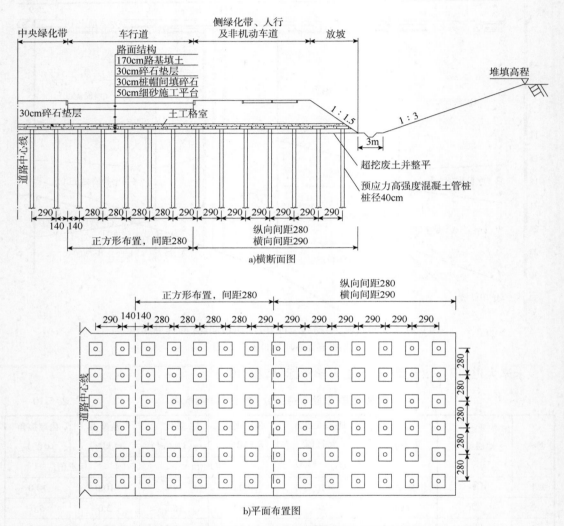

图 5-28　未来大道(旧路改造部分)一般路段管桩横断面、平面布置图(尺寸单位:cm)

桥台后 60m 的引道范围内采用变间距处理,横向间距由 2.2m 渐变至 2.6m,纵向间距为 2.4m。未来大道(旧路改造部分)引道路段管桩横断面、平面布置见图 5-29。

台后路段引道范围内单桩设计承载力特征值为 520kN,其余范围内单桩设计承载力特征值为 450kN。

桩帽采用 C30 混凝土,尺寸为长 140cm×宽 140cm×高 30cm。桩帽间采用碎石填筑,桩帽顶部铺设土工格室及 30cm 碎石垫层。

为保证管桩顶部填土能形成土拱,应超挖至路面设计高程以下 3.52m,填筑 50cm 细砂用作施工平台后进行管桩施工。

(1)采用静压沉桩施工。地基承载力不应小于压桩机接地压强的 1.2 倍,且场地应平整。

(2)沉桩过程中应严格控制桩身的垂直度。每根桩宜一次性连续压到底,沉桩过程中停歇时间不应过长,且最后一节有效桩长不宜小于 5m。采用抱压式压桩机(在桩身侧部施加压力的液压式压桩机),需控制桩身允许的最大抱压力,其不应大于桩身允许侧向压力的 1.1 倍。

(3)送桩的最大压桩力不宜超过桩身允许抱压压桩力的 1.1 倍。

(4)终压条件应符合下列规定:

①应根据现场试压桩的试验结果确定终压标准。

②终压连续复压次数应根据桩长及地质条件等因素确定。对于入土深度大于或等于 8m 的桩,复压次数可为 2~3 次。

③稳压压桩力不得小于终压力,稳定压桩的时间宜为 5~10s。

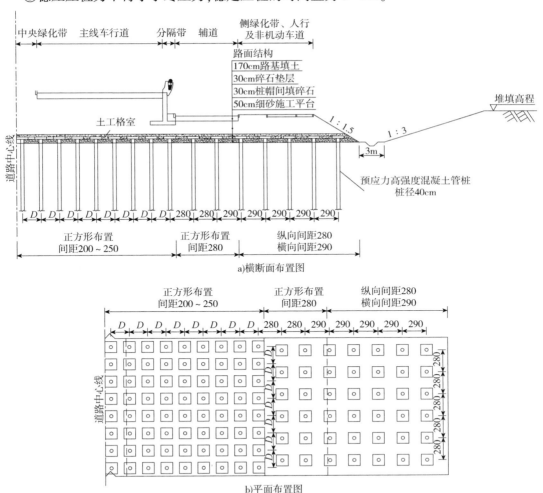

图 5-29 未来大道(旧路改造部分)引道路段管桩横断面、平面布置图(尺寸单位:cm)

5.4.6　适用性评价

以翠亨新区未来大道(旧路改造部分)为例,进行适用性评价,通过分析施工期间地表沉降监测数据变化规律,以评价预应力高强度混凝土管桩的适用性。

1)监测方案

未来大道(旧路改造部分)路基沉降、水平位移监测点布置如图 5-30 所示。沉降板观测断面每 100m 布设一处。每一个断面设置 3 处,分别位于路中和路肩内。水平位移观测边桩断面每 100m 布设一处,每个断面设置 4 个。

沉降观测频率:在施工期间每填筑一层应观测一次,临时中断施工或间隙期间每 3d 至少观测一次;填土结束后,第一个月每 3d 观测一次,第二、三个月每 7d 观测一次,从第四个月起每 15d 观测一次。

稳定观测频率:在路堤填高达到极限高度后第一个月内,每天进行一次稳定观测,临时中断施工或加载间隙期,每 3d 进行一次;间隙期超过一个月后,每月观测一次。

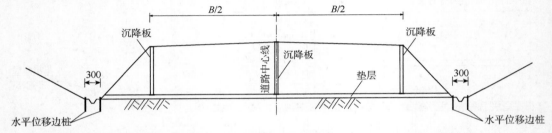

图 5-30　未来大道(旧路改造部分)**路基沉降、水平位移监测点布置图**(尺寸单位:cm)

B-道路设计宽度

2)地表沉降监测数据分析

以监测断面 K7+300 为例,淤泥厚度 29.5m,管桩总长 31m。位于桥梁引道段,两侧为地面辅路,左侧为综合管廊。路基施工顺序为,先施工道路中间主线部分,再实施右侧路基,最后实施左侧路基。未来大道(旧路改造部分)监测断面平面示意图如图 5-31 所示。

由于实施时序不同,路基左中右三个测点的沉降变化曲线,呈现出相位差,总体变化趋势均为随着路基填筑增加,沉降速率增大,沉降突增;随着填筑完成,附加荷载不变,沉降速率减少,沉降逐渐增加,沉降曲线趋于平缓。

以路中沉降监测数据为例进行分析,自 2019 年 12 月开始分层填筑路基,路基填筑高度 1.18m,初始填筑期间,沉降速率较大,地表沉降逐渐增大。地基土的附加应力增加,孔隙水压力增大。2019 年 12 月—2020 年 12 月,路基填筑高度不变,附加荷载总体不变,孔隙水压力逐渐消散,有效应力增加,土体逐步固结沉降,沉降速率不断减小,沉降逐渐变大。2020 年 12 月路基填筑高度增加至 1.45m,地表沉降随时间变化曲线发生突变,沉降速率增大,沉降变大。随着路基填筑完成,沉降速率不断减小,沉降缓慢增加。2021 年 6 月路基填筑高度增加至 1.7m,沉降曲线再次发生突变,沉降速率增大。随着路基填筑完成,曲线沉降速率趋于稳定。

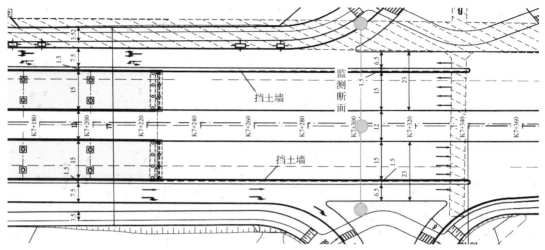

图5-31 未来大道(旧路改造部分)监测断面平面示意图(尺寸单位:m)

自2021年8月—12月,连续4个月实测沉降速率≤0.1mm/d,沉降曲线趋于平缓,呈现向下发展的趋势,沉降还未完成,仍需监测工后沉降,进一步判断处理后的复合地基变形情况。截至2021年12月,施工期间沉降50mm,管桩处理加固效果明显。未来大道(旧路改造部分)地表沉降随时间变化曲线见图5-32。

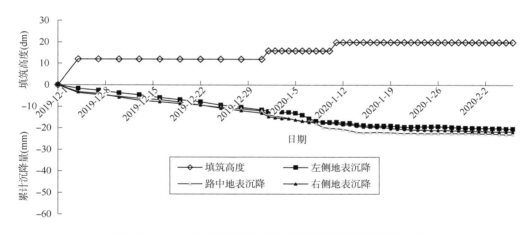

图5-32 未来大道(旧路改造部分)地表沉降随时间变化曲线

2020年9月填筑右侧路基,水平位移不断增加,水平位移速率较大;2021年2月,位移曲线逐渐变缓,水平位移速率逐渐减小。2021年9月—2021年12月,连续3个月水平位移速率≤0.1mm/d,路基趋于稳定。未来大道(旧路改造部分)水平位移随时间变化曲线见图5-33。

综合分析以上地表沉降和水平位移监测数据,施工期间总沉降50mm,水平位移最大值为35.7mm,路基趋于稳定,预应力高强度混凝土管桩处理效果较为显著。从道路运营情况来看,开放交通以来,未来大道和秀路交叉口段道路整体运营情况良好,道路感观良好,道路平整,无差异沉降,无裂缝产生。道路运营情况见图5-34。预应力高强度混凝土管桩可提高深厚软土地基承载力,管桩桩土应力较大;对于低填路段,管桩桩间土沉降比管桩显著,易出现蘑菇桩,因此,预应力高强度混凝土管桩更适用于填方较大的路段,可减少地基不均匀沉降。

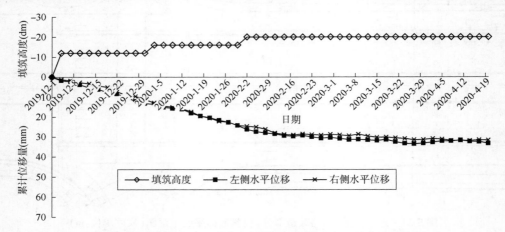

图 5-33　未来大道(旧路改造部分)水平位移随时间变化曲线

图 5-34　未来大道建成后运营情况

5.5　预应力高强度混凝土管桩+旋喷桩复合地基法

预应力高强度混凝土管桩+旋喷桩复合地基法采用预应力高强度混凝土管桩和旋喷桩作为竖向增强体,形成由地基和增强体两部分组成的共同承担荷载的人工地基。施工工艺可分为施工管桩、监测、灌砂、施工旋喷桩等四个步骤。

5.5.1　适用条件

(1)深厚软土路段,填土厚度小于2m。
(2)工期要求紧的路段。

5.5.2 设计要点

为确保土拱的形成,充分发挥土拱效应,避免桩(帽)土顶面的差异沉降反射到路面而出现蘑菇状高低起伏的现象,预应力高强度混凝土管桩处理需超挖至路面结构以下一定深度处,施工管桩及桩帽后重新进行路基填筑及修建路面结构。当地下水位较浅,为避免地下水对施工造成影响,可采用预应力高强度混凝土管桩+旋喷桩复合地基处理。预应力高强度混凝土管桩+旋喷桩横断面、平面布置见图 5-35。

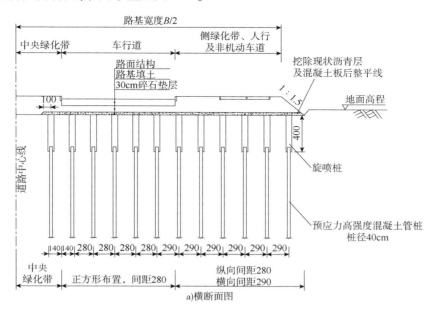

a)横断面图

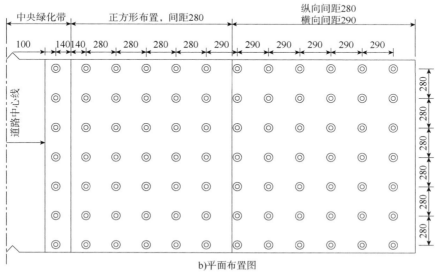

b)平面布置图

图 5-35 预应力高强度混凝土管桩+旋喷桩横断面图、平面布置图(尺寸单位:cm)

B-道路设计宽度

管桩顶部采用高压旋喷桩,旋喷桩的桩长为4m,其中桩底的0.5m与预应力高强度混凝土管桩的桩底相重合。利用旋喷桩粗糙不平的外缘与路基土咬合密实,形成整体,代替桩帽克服桩头上刺。采用PHC-A400(95)型管桩时,高压旋喷桩桩径为80cm;采用PHC-A500(100)型时,高压旋喷桩桩径为100cm。旋喷桩采用双管法施工,要求28d抗压强度不小于3MPa。

5.5.3 施工要求

管桩位于高压旋喷桩下面,管桩施工采用长螺旋钻机成孔,加送桩器后做静载试验检测,满足设计要求后再取出送桩器,灌砂,再施工桩顶高压旋喷桩。其余施工要求见第5.4.3节。

5.5.4 质量检验

预应力高强度混凝土管桩质量检验见第5.4.4节。高压旋喷桩质量检验见第5.2.4节。

5.5.5 应用案例

1)工程概况

以翠亨新区未来大道(新建道路部分)为例,概况同第5.4.5小节"1)工程概况"。

2)工程地质条件

同第5.4.5节应用案例。

3)技术方案

按常规预应力管桩设计,需超挖至路面结构以下2.3m处,施工管桩及桩帽后重新进行路基填筑及路面结构修建。但该路段地下水埋深约2m,地下水会对施工造成影响。因此采用预应力高强度混凝土管桩+高压旋喷桩处理方式,管桩顶部3.5m采用高压旋喷桩,旋喷桩的桩长为4m,其中桩底的0.5m与预应力高强度混凝土管桩的桩底相重合。

预应力高强度混凝土管桩采用PHC-A400(95)型,桩径40cm,壁厚9.5cm,管桩混凝土强度为C80,单桩设计承载力特征值为400kN。高压旋喷桩桩径为80cm,采用双管法施工,要求28d抗压强度不小于3MPa。管桩+旋喷桩采用正方形布置,间距2.8m。

旋喷桩根据管桩型号选用不同的桩径,采用双管法施工,高压水泥浆的压力应大于20MPa。旋喷桩加固剂采用42.5号水泥,水泥用量参考值为250kg/m,施工前应取样进行室内试验,以确定合适的水泥用量,要求其28d抗压强度大于3.0MPa。水泥浆液的水灰比可取0.8~1.2,施工前进行试验确定。复合地基承载力不小于100kPa。

考虑到预应力高强度混凝土管桩施工时的挤土效应会使水压增加,施工时需注意打桩顺序,须"隔桩跳打"。

5.5.6 适用性评价

以未来大道和秀路十字交叉路口 K5+400 断面为例,该交叉路口淤泥层厚度 20.5m,管桩总长 33.7m。监测断面布置同第 5.4.6 节。

1)地表沉降监测数据分析

从 2021 年 11 月 8 日开始观测,由地表沉降曲线和沉降速率变化曲线可以看出,路基分 6 次填筑。随着填筑高度增加,沉降不断变大;路基填筑初期,沉降速率大,沉降量增长快,填筑超过 2 个月后,沉降变化放缓。截至 2022 年 6 月 28 日,路中总沉降量 27mm,沉降变化曲线仍呈现增长态势,沉降还未完成。和秀路交叉路口地表沉降随时间变化曲线见图 5-36。

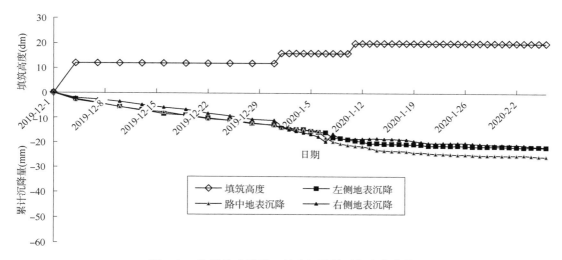

图 5-36 和秀路交叉路口地表沉降随时间变化曲线

2)水平位移监测数据分析

路基填筑初期,水平位移不断增大,水平位移速率较大;填筑超过 2 个月后,水平位移增长放缓,水平位移速率减小。截至 2022 年 6 月 28 日,水平位移最大值为 41.2mm,水平位移时间变化曲线仍呈现出增长态势,水平位移随时间变化曲线见图 5-37。

监测断面 K5+400 沉降还未稳定,结合监测数据,总体沉降量较小,位移变化趋于平缓,初步判断预应力高强度混凝土管桩+旋喷桩复合地基处理效果显著。从道路运营情况来看,开放交通以来,未来大道和秀路交叉路口段道路整体运营情况良好,道路感观良好,道路平整,无差异沉降,无裂缝产生。道路运营情况见图 5-38。预应力高强度混凝土管桩+旋喷桩复合地基法可有效提高地基承载力,减少地基不均匀沉降;与预应力高强度混凝土管桩相比,该方法适用于填土高度小于 2m 的路段。

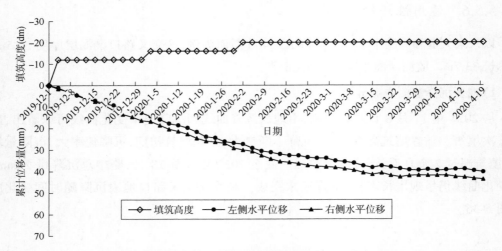

图 5-37   和秀路交叉路口水平位移随时间变化曲线

图 5-38   未来大道和秀路交叉路口建成后运营情况

5.6   本章小结

本章从适用条件、设计要点、施工要求、质量检验、应用案例和适用性评价等六个方面，对填海造陆地区采用的复合地基法进行了梳理总结：

（1）水泥土搅拌桩适用于处理正常固结的淤泥、淤泥质土，不宜处理泥炭土、有机质土、pH 值小于 4 的酸性土、塑性指数大于 25 的黏土及腐蚀性土。单向水泥土搅拌桩最大加固深度不超过 15m，双向水泥土搅拌桩不超过 20m，大直径水泥土搅拌桩最大加固深度可达 30m。

（2）高压旋喷桩适用于处理淤泥、淤泥质土，施工空间受到限制的场地，不适合有动水压力和有涌水的工程。

（3）水泥粉煤灰碎石适用于处理黏性土、粉土、砂土和自重固结已完成的素填土地基以及工期要求紧的路段，对于处理淤泥质土需要根据现场试验确定其适用性。

（4）预应力高强度混凝土管桩、预应力高强度混凝土管桩+旋喷桩适用于软土深度大于20m 的深厚软土地基。桩（帽）顶面与路面结构之间的填土厚度小于 2m 的路段不宜采用预应力高强度混凝土管桩处理，可采用预应力高强度混凝土管桩+旋喷桩处理。

第6章 各软基处理方法技术经济对比分析

随着工程技术的发展,软基处理方法越来越多。各种软基处理方案适用的土层不同,处理效果、工程投资以及对环境的影响均不尽相同,如何选择一种技术可行、经济合理、节能环保的软基处理方案是软基处理是否成功的关键。结合翠亨新区道路工程软基处理实例,本章对珠三角围海造陆区域道路工程不同软基处理工艺进行技术经济比选分析。

6.1 技术可行性

软基处理方案首先应满足技术上可行。技术可行性包括软基处理方案在相应的地质条件具有适应性,能够满足路基稳定性、施工工期和地基承载力要求,也能满足路基工后沉降值要求,且具有施工便捷、施工质量可控等特点。

6.1.1 软基处理深度

软土层的深度直接影响处理方案的选型,如单向水泥土搅拌桩的加固深度不宜大于15m,双向水泥土搅拌桩的加固深度不宜大于20m,需根据软基深度确定合适的处理方案。从翠亨新区围海造陆区域道路工程以及其他工程实践经验来看,常用软基处理方法加固深度见表6-1。

常用软基处理方法加固深度一览表 表6-1

序号	处理方法	加固深度
1	换填法	≤3m
2	就地固化法	≤5m
3	排水固结法	≤25~30m
4	水泥土搅拌桩	单向≤15m,双向≤20m,三轴≤30m
5	高压旋喷桩	≤25m
6	水泥粉煤灰碎石桩/素混凝土桩	≤25m
7	预应力高强度混凝土管桩/预应力高强度混凝土管桩+旋喷桩	≤40m

6.1.2 岩土层条件

常见的软土地基是指由淤泥、淤泥质土、冲填土或其他高压缩性土层构成的地基。"因地制宜"是软基处理的基本要求,选择软基处理应充分考虑地质、水文条件。如水泥土搅拌桩不宜处理泥炭土、有机质土、pH 值小于 4.0 的酸性土、塑性指数大于 22 的黏土及腐蚀性土。从翠亨新区围海造陆区域道路工程实践来看,常用软基处理方法适用岩土层见表 6-2。

常用软基处理方法适用岩土层一览表 表 6-2

处理方法	适用岩土层	不适用岩土层
换填法	淤泥、淤泥质土、松散素填土	深层松砂地基
就地固化法	有机质含量不大于 5% 的软土地基	不宜处理泥炭土、有机质土、pH 值小于 4 的酸性土、塑性指数大于 25 的黏土及腐蚀性土
排水固结法	淤泥、淤泥质土和冲填土等饱和软黏土	不宜用于表层覆盖层厚度大于 5m 的回填土或承载力较高的黏性土
水泥土搅拌桩	十字板剪切强度不小于 10kPa、有机质含量不大于 5% 的软土地基	不宜处理泥炭土、有机质土、pH 值小于 4 的酸性土、塑性指数大于 25 的黏土及腐蚀性土
高压旋喷桩	十字板剪切强度不小于 10kPa、有机质含量不大于 10% 的软土地基	不适合有动水压力和有涌水的工程
水泥粉煤灰碎石桩/素混凝土桩	十字板剪切强度不小于 20kPa 的软土地基	含水率大于 65% 或夹有较高承压水时的软土应慎用
预应力高强度混凝土管桩/预应力高强度混凝土管桩+旋喷桩	软土深度大于 20m 的深厚软土地基	抛石地基不适合

6.1.3 路基稳定性

路基稳定性问题主要是指软土地基上因填土而造成的路基整体稳定性和局部稳定性问题,路基填土高度(H)适宜的软基处理方法如下:

(1)$H<6m$ 时,可采用堆载预压、真空预压或复合地基。

(2)$6m \leqslant H<8m$ 时,宜采用真空预压或复合地基。

(3)$H \geqslant 8m$ 时,宜采用复合地基。

6.1.4 道路施工工期(T)要求

(1)工期 $T<1$ 年时,宜采用复合地基。

(2)1.0 年$\leqslant T<1.5$ 年时,可考虑采用复合地基、真空联合堆载预压等方法。

(3)$T \geqslant 1.5$ 年时,可采用排水固结法、复合地基。

6.1.5 设计地基承载力(f_{ak})要求

(1)$80kPa \leqslant f_{ak}<120kPa$ 时,宜采用排水固结法、柔性桩复合地基,可采用轻质土填筑。

(2)$120kPa \leqslant f_{ak}<160kPa$ 时,宜采用柔性桩或刚性桩复合地基,可采用轻质土填筑,不宜采用排水固结法。

（3）$f_{ak} \geq 160kPa$ 时,宜采用刚性桩复合地基或刚-柔组合桩复合地基,不宜采用排水固结法、柔性桩复合地基。

6.1.6 工后沉降值(S)要求

（1）$S < 10cm$ 时,宜采用刚性桩复合地基或轻质土填筑。

（2）$10cm \leq S < 30cm$ 时,可采用柔性桩复合地基、真空联合堆载预压、堆载预压法等方法。

（3）$30cm \leq S < 50cm$ 时,可采用柔性桩复合地基、真空联合堆载预压等方法。

（4）$S \geq 50cm$ 时,可进行简单的软基处理,软土层较薄时也可不进行软基处理。

综上所述,各种软基处理方式都有一定适用范围,软基处理方案选型时宜优先根据地质情况、软土层的深度,再结合设计要求进行选择。

6.2 经济适用性

6.2.1 换填法

从翠亨新区围海造陆区域道路工程实践来看,马鞍岛采用的换填法软基处理单价见表 6-3,处理单价随深度变化曲线见图 6-1。

换填法软基处理单价(单位:元/m²)　　　　　　　　　　表 6-3

换填	软基深度（m）				
	1	2	3	4	5
碎石垫层	355	710	1065	1420	1776
1m 碎石垫层+土方	355	413	471	529	587
1m 石屑垫层+土方	232	290	348	406	464
1m 砂垫层+土方	349	407	464	522	580

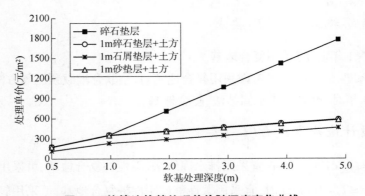

图 6-1 换填法软基处理单价随深度变化曲线

6.2.2 排水固结法

从翠亨新区围海造陆区域道路工程实践来看,排水固结法软基处理单价见表6-4,随深度变化曲线见图6-2。堆载预压设袋装砂井,间距1.1m,堆载高度2m。真空预压采用塑料排水板,间距1.1m,预压期6个月。设置60cm砂垫层。排水固结法软基处理单价随深度增加,变化不显著。

排水固结法软基处理单价(单位:元/m²)　　　　表6-4

排水固结法	三角形布置间距(m)	软基深度(m)						
		5	10	15	20	25	30	35
真空预压法	1.1	586	628	671	713	756	798	841
堆载预压法	1.1	456	503	551	599	647	694	742
真空-堆载联合预压法	1.1	785	827	870	912	955	997	1040

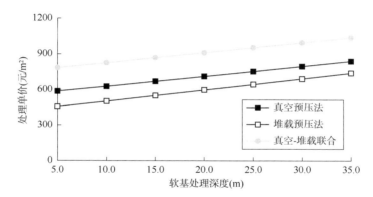

图6-2　排水固结法处理单价随深度变化曲线

6.2.3 刚性桩

1)预应力高强度混凝土管桩

从翠亨新区围海造陆区域道路工程实践来看,预应力高强度混凝土管桩软基处理单价见表6-5,处理单价随深度变化曲线见图6-3。预应力高强度混凝土管桩 PHC-A400(95)桩径0.4m,间距为2m和2.4m,正方形布置,设置60cm碎石垫层和C30桩帽。

预应力高强度混凝土管桩软基处理单价(单位:元/m²)　　　　表6-5

桩径(m)	正方形布置间距(m)	软基深度(m)						
		5	10	15	20	25	30	35
0.4	2	1010	1306	1602	1898	2194	2490	2787
0.4	2.4	933	1139	1344	1550	1755	1961	2167

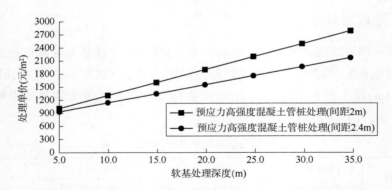

图 6-3　预应力高强度混凝土管桩软基处理单价随深度变化曲线

2）水泥粉煤灰碎石桩

从翠亨新区围海造陆区域道路工程实践来看，水泥粉煤灰碎石桩（CFG 桩）软基处理单价见表 6-6，处理单价随深度变化曲线见图 6-4。水泥粉煤灰碎石桩桩径为 0.4m 和 0.5m，正方形布置，设置 50cm 碎石垫层和 C30 桩帽。

水泥粉煤灰碎石桩软基处理单价（单位：元/m²）　　　　　　　　表 6-6

桩径 （m）	正方形布置 间距（m）	软基深度（m）						
		5	10	15	20	25	30	35
0.4	1.6	786	1067	1349	1630	1912	2194	2475
0.5	2	910	1192	1474	1757	2039	2321	2603

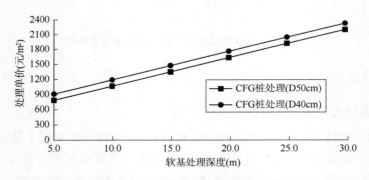

图 6-4　水泥粉煤灰碎石桩软基处理单价随深度变化曲线

3）造价对比

从翠亨新区围海造陆区域道路工程实践来看，选取常用的预应力高强度混凝土管桩桩径 400mm 的 PHC-A400（95），桩径 500mm 水泥粉煤灰碎石桩进行对比，均采用正方形布置，间距 2m 时，软基处理单价随深度变化对比见图 6-5。

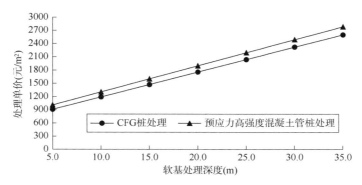

图 6-5 预应力高强度混凝土管桩和水泥粉煤灰碎石桩软基处理单价随深度变化对比

6.2.4 柔性桩

1）水泥土搅拌桩

从翠亨新区围海造陆区域道路工程实践来看，水泥土搅拌桩软基处理单价见表 6-7，处理单价随深度变化曲线见图 6-6。水泥土搅拌桩分为单向、双向和大直径搅拌桩，三角形布置，设置 50cm 碎石垫层。

水泥土搅拌桩软基处理单价（单位：元/m²） 表 6-7

水泥土搅拌桩	桩径（m）	三角形布置间距（m）	软基深度（m）						
			5	10	15	20	25	30	35
单向	0.5	1.3	479	711	942	—	—	—	—
双向	0.5	1.3	624	976	1328	1680	—	—	—
大直径	0.85	2.2	768	1239	1711	2182	2654	3126	3597

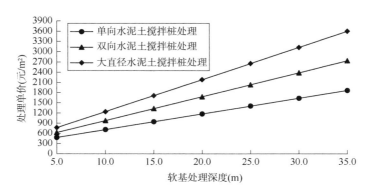

图 6-6 水泥土搅拌桩软基处理单价随深度变化曲线

2）高压旋喷桩

从翠亨新区围海造陆区域道路工程实践来看，马鞍岛采用的高压旋喷桩软基处理单价见表 6-8，处理单价随深度变化曲线见图 6-7。高压旋喷桩桩径分别为 0.5 和 0.6m，三角形布置,设置 50cm 碎石垫层。

高压旋喷桩软基处理单价(单位:元/m²)　表 6-8

桩径 (m)	三角形布置 间距(m)	软基深度(m)						
		5	10	15	20	25	30	35
0.5	1.5	948	1570	2193	2815	3437	4059	4681
0.6	1.8	910	1501	2091	2682	3272	3863	4453

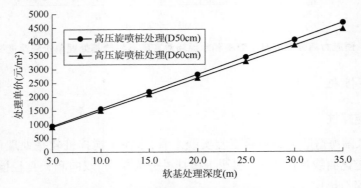

图 6-7　高压旋喷桩软基处理单价随深度变化曲线

6.2.5　预应力高强度混凝土管桩+旋喷桩

从翠亨新区围海造陆区域道路工程实践来看,预应力高强度混凝土管桩+旋喷桩软基处理单价见表 6-9,处理单价随深度变化曲线见图 6-8。预应力高强度混凝土管桩 PHC-A400(95)桩径 0.4m,旋喷桩桩径 0.8m,正方形布置,间距 2.4m。

预应力高强度混凝土管桩+旋喷桩和预应力高强度混凝土管桩软基处理单价(单位:元/m²)　表 6-9

处理方式	正方形布置 间距(m)	软基深度(m)						
		5	10	15	20	25	30	35
预应力高强度混凝土 管桩+旋喷桩	2.4	858	1063	1269	1474	1680	1886	2091
预应力高强度 混凝土管桩	2.4	933	1139	1344	1550	1755	1961	2167

6.2.6　单价对比

从翠亨新区围海造陆区域道路工程实践来看,预应力高强度混凝土管桩(间距 2m)、双向水泥搅拌桩(间距 1.3m)和真空预压法在不同软基处理深度下单价对比见图 6-9。

堆载预压法和真空联合堆载预压法相对造价较低,从经济角度考虑,有条件时宜优先采用。

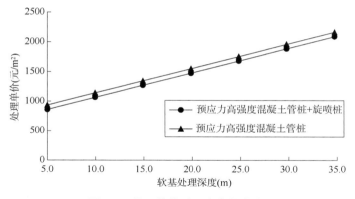

图 6-8 处理单价随深度变化曲线

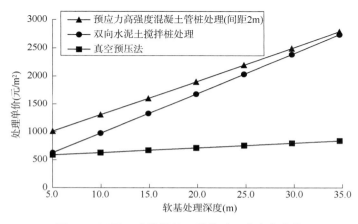

图 6-9 不同工法软基处理单价随深度变化曲线

6.3 环境影响性

环境影响包括周边环境影响因素、施工期环境影响、运营期环境影响和资源消耗情况。

6.3.1 周边环境影响因素

软基处理方案的选择需"因地制宜",充分考虑周边环境,如道路拓宽工程、周边有重要的建(构)筑物时,不宜采用排水固结法处理;当加固深度范围内强透水层中存在流动地下水或承压水时应慎用水泥土搅拌桩或高压旋喷桩。从翠亨新区围海造陆区域道路工程实践来看,软基处理方案敏感性因素见表6-10。

软基处理方案敏感性因素一览表 表 6-10

软基处理方法	环境敏感因素
气泡混合轻质土	地下水位高,影响抗浮
塑料排水板、袋装砂井	旧路拓宽工程或周边有重要建(构)筑物

续上表

软基处理方法	环境敏感因素
堆载预压	周边有重要建(构)筑物;临河路基慎用
真空预压	周边有重要建(构)筑物
水泥土搅拌桩(粉喷)	地下有强透水层或承压水;周边环境要求高
水泥土搅拌桩(浆喷)	地下有强透水层或承压水;含水率较高的土层
高压旋喷桩	地下有强透水层或承压水
CFG桩/素混凝土桩(振动沉管)	周边噪声、振动敏感区
CFG桩/素混凝土桩(长螺旋)	周边噪声
预应力高强度混凝土管桩(锤击)	周边噪声、振动敏感区
预应力高强度混凝土管桩(静压)	地基承载力较低

6.3.2 施工期环境影响因素

在地基处理设计和施工中一定要注意保护环境,处理好地基处理与环境保护的关系。

从翠亨新区围海造陆区域道路工程实践来看,表6-11列出了与软基处理施工期有关的环境影响因素,主要有噪声、振动、大气污染、地面沉降与变形、泥浆及废弃物。

软基处理施工期环境影响因素表 表6-11

软基处理方法	可能的环境影响				
	噪声	振动	大气污染	泥浆及废弃物	地面沉降与变形
气泡混合轻质土				★	
塑料排水板、袋装砂井					★★★
堆载预压					★★★
真空预压					★★★
水泥搅拌桩(粉喷)			★★★		
水泥搅拌桩(浆喷)				★★	
高压旋喷桩				★	
CFG桩/素混凝土桩(振动沉管)	★★	★★★			
CFG桩/素混凝土桩(长螺旋)	★			★★	
预应力高强度混凝土管桩(锤击)	★★★				
预应力高强度混凝土管桩(静压)					★

注:★~★★★表示影响的严重程度从小到大;空白表示影响很小。

6.3.3 运营期环境影响及资源消耗情况

运营期外部环境的相互影响主要包括两方面:一是采用的软基处理方案在运营期应减少对环境的影响,如浅层换填采用废弃沥青混凝料时对地下水造成影响;二是软基处理本身应减少对周边衔接地块软基处理的影响,如道路采用真空预压法处理,在运营后如周边临近地块也采用真空预压法处理,可能造成道路的沉降、开裂,影响道路的运行安全。

从可持续发展出发,采用的软基处理方式应尽可能不影响后续项目施工,如不影响地铁施工、周边建筑物基坑施工、锚索施工等。

资源消耗标准是对在产品生产过程中各种物资的消耗标准。软基处理主要消耗水、电(或油)以及砂、石、水泥等矿产资源。由于水为可再生资源,故本次资源消耗评价对象为不可再生资源(砂、碎石、水泥等)。表6-12列出了常用软基处理方案的资源消耗对比表。

软基处理方案资源消耗对比表

表 6-12

序号	软基处理方式	资源消耗
1	堆载预压法、真空预压法	★
2	水泥土搅拌桩	★★
3	高压旋喷桩	★★
4	CFG 桩/素混凝土桩	★★★
5	预应力高强度混凝土管桩	★★★

注:★~★★★分别表示消耗不可再生资源由少到多。

从表6-12可以看出,堆载预压法、真空预压法不需要消耗资源矿产资料(砂、碎石、水泥),资源最为节约;水泥粉煤灰碎石桩(CFG桩)、素混凝土桩和预应力高强度混凝土管桩法消耗的资源较多。

6.4　本章小结

软基处理方案选型需综合考虑技术可行性、经济适用性和环境影响性等方面的因素,优先考虑技术可行性。制约围海造陆区域软基方案选型的因素主要为软土深度和水文地质情况。本章从技术可行性、经济适用性和环境影响性等方面,对填海造陆地区不同软基处理方法的技术经济进行了对比总结:

(1)换填法:适用于处理浅层软弱地基,处理深度不大于3m,多用于人行道或对地基承载力要求低的路段,换填需考虑外弃淤泥,环境影响性较大。

(2)就地固化法:适用于浅层软弱土厚度小于5m,鱼塘、河道等需清淤换填的路段。就地固化法应用于施工机械难以进入、承载力极低的场地,具有施工速度快、无须挖掘和填埋、快速形成硬壳层的特点,为施工提供条件;且无须使用大量的置换材料,减少砂石用量,工程废土排运少,降低运输及堆放对环境的影响。

(3)泡沫轻质土路堤法:适用于需要减少土压力的软基路堤、直立加宽路堤、高陡路堤和结构物背面、地下管线、狭小空间等填筑工程。在地下水位高的路段使用泡沫轻质土路堤法需考虑抗浮稳定性。其产生的泥砂及废弃物对环境有一定影响。

(4)堆载预压法:适用于以黏性土为主的软弱地基,当存在粉土、砂土等透水层时,影响加固效果。堆载预压法工期长,预压时土体发生沉降,产生向外的水平位移,土体容易发生失稳剪切破坏,需控制加载速率,分级加载,使荷载增加的速度与地基土强度增加的速度相适应。设计地基承载力要求不大于 120kPa,路基高度不超过 6m。资源消耗少,造价低,但施工对周边地面沉降和变形影响大,需考虑对临近道路、周边重要建(构)筑物的影响,临河路基慎用。

(5)真空预压法:不适用于加固土层上覆盖有厚度大于 5m 以上的回填土或承载力较高的黏性土层。真空预压法工期长,抽真空时,土体发生沉降,产生向内的水平位移,土体不会产生剪应力,一次性施加真空荷载,地基土不会发生剪切破坏。设计地基承载力要求不大于 120kPa,路基高度不超过 8m。资源消耗少,造价较低,但对周边地面沉降和变形影响很大,施工期间需考虑抽真空对临近道路、重要建(构)筑物等影响。

(6)真空-堆载联合预压法:适用于当设计地基预压荷载超过 80kPa,对变形有严格要求,且真空预压处理地基不能满足设计要求时,其加固效果比单一的真空预压或堆载预压效果好。施工工期比堆载预压、真空预压短,且资源消耗少,造价较低。设计地基承载力要求不大于 120kPa,路基高度不超过 8m。

(7)水泥土搅拌桩:适用于处理正常固结的淤泥、淤泥质土。不宜处理泥炭土、有机质土、pH 值小于 4 的酸性土、塑性指数大于 25 的黏土及腐蚀性土。产生粉尘、泥浆和废弃物对环境影响较大,单向水泥土搅拌桩最大加固深度不超过 15m,双向水泥土搅拌桩不超过 20m,大直径水泥土搅拌桩最大加固深度可达 30m。

(8)高压旋喷桩:适用于处理淤泥、淤泥质土,施工空间受到限制的场地,不适合有动水压力和有涌水的工程。产生的泥浆及废弃物对环境有一定影响,造价较高。

(9)水泥粉煤灰碎石桩/素混凝土桩:适用于处理黏性土、粉土、砂土和自重固结已完成的素填土地基以及工期要求紧的路段,对于处理淤泥质土需要根据现场试验确定其适用性。且施工期间振动、噪声对周边环境影响较大,资源消耗较大,造价较高。

(10)预应力高强度混凝土管桩、预应力高强度混凝土管桩+旋喷桩:适用于软土深度大于 20m 的深厚软土地基。桩(帽)顶面与路面结构之间的填土厚度小于 2m 的路段不宜采用预应力高强度混凝土管桩处理,宜采用预应力高强度混凝土管桩+旋喷桩处理。且施工期间振动、噪声对周边环境影响较大,资源消耗较大,造价较高。

路基填土高度大于 8m 时,宜采用复合地基。设计地基承载力要求小于 120kPa 时,宜采用排水固结法、柔性桩复合地基,可采用轻质土填筑。设计地基承载力小于 160kPa 时,宜采用柔性桩或刚性桩复合地基,可采用轻质土填筑,不宜采用排水固结法。设计地基承载力大于 160kPa 时,宜采用刚性桩复合地基或刚-柔组合桩复合地基,不宜采用排水固结法、柔性桩复合地基。

第7章 特殊路段（部位）软基处理

特殊路段（部位）是指道路工程中,由于相邻路段刚度不一致或承载力要求不同等原因造成沉降差异而易产生病害的路段（部位）,常常包括桥头路段、涵洞（通道）路段、地下综合管廊路段,旧路拓宽段等,这些特殊路段（部位）在填海造陆地区出现病害的可能性极大,本章以马鞍岛西湾路、五桂路、香海路北段等道路工程为例,对如何预防和处理以上四种填海造陆地区常见的特殊路段（部位）病害进行总结。

7.1 桥头路段

7.1.1 问题分析

桥头跳车是软基路段最常见的病害之一,形成的原因很复杂,影响因素也很多,如路堤沉降、路基填料、桥台形式、搭板长度等。桥头跳车的直接原因是桥台与路堤的沉降差异。桥台是刚性构筑物,其下部一般都有桩基础,因而桥台的变形和沉降非常小;路堤和地基是柔性的,在荷载作用下都有较大的塑性变形,所以桥头路堤的沉降比桥台要大,造成了两者的沉降差异,见图7-1。

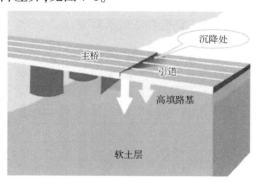

图7-1 桥头路基沉降引起桥头跳车

深厚软土区软基处理的关键是处理好不同结构物、不同软基处理方式之间的过渡,包括桥梁与道路软基处理的过渡、不同软基处理方式之间的过渡,以及软土区与非软土区的过渡。其中桥梁与道路软基处理方式的过渡,也是软基路段产生桥头跳车的最重要原因,这主要表现为:

（1）桥台与路基结构差异，桥台一般是刚性的，回弹模量大于1200MPa；而路基是柔性的，一般填土路基压实度达到95%时回弹模量仅为30~60MPa，它们自重不同、强度不同，在车辆动荷载的反复作用下，刚柔之间必然存在沉降差。

（2）桥头路基因空间狭小、不利于大型机械施工，回填土质量控制不好。

（3）深厚软土路段桥涵一般采用桩基础，多数为嵌岩桩，以中微风化岩层为桩端持力层。因此，桥涵的工后沉降很小，主要由混凝土的徐变构成，一般都在几毫米以内。而与桥涵衔接的路基软基则采用其他方式进行处理，以控制路基的沉降，其工后沉降比桥梁桩基的工后沉降往往大一到两个数量级，即几十到几百毫米，最大可超过1m。

7.1.2　技术要点

为避免桥头跳车现象的发生，在桥头过渡段设计和施工时，应注意以下技术要点：

（1）一般软土地基路段宜采用座板式桥台，以减少反开挖和回填数量。搭板长度不宜小于6m。

（2）软土地基桥头路堤高度不宜超过7m。软基深厚且桥头路堤高度超过4m的桥台前面宜反压。台后采用泡沫轻质土路堤时，泡沫轻质土路堤底部纵向长度不宜小于5m。

（3）软基处理设计应符合下列要求：

①现场条件和工期允许时，宜先对桥头路段进行排水固结法预压处理，宜超载并充分预压，超载预压长度不宜小于50m。预压结束后，再采用搅拌桩复合地基进行二次处理。台前填土范围应进行软土地基处理，处理方法与台后相同。

②现场条件和工期受限制而无法进行排水固结法预压处理时，对于软土厚度不大于15m的桥头路基，建议采用搅拌桩复合地基进行处理；对于软土厚度大于15m的桥头路基，建议采用刚性桩（水泥粉煤灰碎石桩或管桩）复合地基进行处理。搅拌桩、水泥粉煤灰碎石桩或管桩应穿透软土层并进入砂层或黏土层。

③桥头搭板及其后方5m范围内的复合地基总沉降宜符合工后沉降要求。

容许工后沉降建议值见表7-1。

容许工后沉降建议值（单位：m）　　　　　　　　　　　　　　表7-1

设计速度	工程位置		
（km/h）	桥台与路堤相邻处	涵洞、通道处	一般路段
120	≤0.075	≤0.15	≤0.20
60~100	≤0.10	≤0.20	≤0.30
40~50	≤0.15	≤0.25	≤0.40
20~30	≤0.20	≤0.30	不作要求

④在一定的设计速度下，附加纵坡较小时不会产生跳车，随着附加纵坡的增加，依次会出现轻微跳车、跳车和严重跳车，以致影响行车安全性；在一定的附加纵坡下，汽车行驶速度越高，越容易产生跳车。为较好满足行车舒适度和排水要求，与排水固结路段相邻的桥头复合地基应设置过渡段，桥头路基过渡段的附加纵坡渐变率应满足表7-2要求。

附加纵坡渐变率一览表   表 7-2

设计速度（km/h）	附加纵坡渐变率	一般值（%）	附加纵坡渐变率	极限值（%）
120	1/400	0.25	1/250	0.40
60~100	1/250	0.40	1/166	0.60
40~50	1/200	0.50	1/133	0.75
20~30	1/150	0.67	1/100	1.00

过渡段长度宜大于下式计算的 L_a：

$$L_a = \frac{\Delta S}{i_{sa}} \tag{7-1}$$

式中：L_a——过渡段长度（m）；

ΔS——过渡段两端容许工后沉降差；

i_{sa}——容许工后差异沉降率。

结构物附近容许工后差异沉降率 i_{sa} 建议值、过渡段长度 L_a 分别见表7-3、表7-4。

结构物附近容许工后差异沉降率 i_{sa} 建议值   表 7-3

设计速度（km/h）	110	80	60
工后差异沉降率（%）	0.5	0.6	0.8

过渡段长度 L_a 一览表   表 7-4

设计速度（km/h）	120	60~100	40~50	20~30
过渡段长度（m）	30~50	25~50	20~50	15~45
搭板长度（m）	≥6	≥6	≥5	≥5

⑤复合地基过渡段可采用变桩长、变间距等方式，路堤高度小于4m时宜采用变桩长方式。

⑥变间距的过渡段桩间距宜逐排增大，变桩长的过渡段桩长度宜逐排减小。

⑦桥头路段直立式挡土墙沉降不宜大于100mm。

⑧为确保行车安全，有必要控制错台高度，特别是深厚软土区路桥过渡段的错台高度，最大错台高度见表7-5。

最大错台高度   表 7-5

设计速度（km/h）	120	60~100	40~50	20~30
最大错台高度一般值（mm）	3	5	8	10
最大错台高度极限值（mm）	5	10	15	20

（4）施工应符合下列要求：

①桥台附近的软土地基处理和路堤填筑应优先施工。

②桥头路堤采用排水固结法时，桥台及相邻的1~2跨桥墩桩基应在桥头路堤纵向位移稳定后施工。当桥头路堤工后沉降不满足要求时，桩基施工不宜减少预压土方。

③桥台反开挖施工时桥头路堤工后沉降应满足要求。

7.1.3 应用案例

1)工程概况

以翠亨新区西湾路 8 号桥为例,西湾路 8 号桥及路基段路线全长 300m,设计速度 50km/h,城市主干路为马鞍岛环岛路项目的一部分,西湾路 8 号桥开工前现场照片见图 7-2。

图 7-2 西湾路 8 号桥开工前现场照片

2)工程地质条件

根据现场钻孔揭露,该项目地质剖面图如图 7-3 所示,将岩土层按其成因及工程特性由上而下综合描述如下。

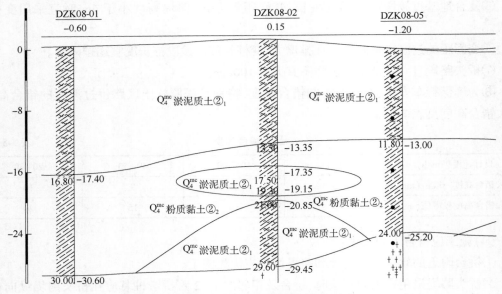

图 7-3 西湾路 8 号桥地质剖面图(高程单位:m)

①人工填土：灰黄色、灰褐色等，主要由粉质黏土、砂组成，局部夹碎石、石块。稍湿~湿，未压实。为新近填土，土质不均匀。土、石工程分级为Ⅱ级松土。层厚1.00~9.20m，平均厚度4.21m。

②$_1$淤泥：灰黑色，饱和，流塑，含少量贝壳碎屑，含有机质，有臭味，夹薄层粉砂。局部为淤泥质土，压缩性高。土、石工程分级为Ⅰ级松土。呈双层分布，单层厚度1.80~17.30m，平均单层厚度8.96m。

②$_2$粉质黏土：黄褐色、灰色，软塑~可塑，切面稍光泽，韧性中等，干强度中等。局部含较多砂粒，遇水易崩解。压缩性中等。土、石工程分级为Ⅰ级松土。局部呈双层分布，单层厚度1.70~13.20m，平均单层厚度6.09m。

②$_4$中粗砂：灰黑色、黄褐色，饱和，中密，石英质，次圆状~圆状，分选性差，含少量细砾及较多粉黏粒。局部为砾砂。单层厚度1.60~4.10m，平均单层厚度2.86m。

西湾路8号桥桥头段岩土设计参数建议值见表7-6。

西湾路8号桥桥头段岩土设计参数建议值表 表7-6

序号	地层编号	岩土名称	地基承载力特征值 $[f_{a_0}]$(kPa)	压缩模量 E_s(MPa)	重度 γ(kN/m³)	黏聚力 c(kPa)	内摩擦角 φ(°)
				平均值		标准值	
1	①	填土	80	—	—	—	—
2	②$_1$	淤泥	50	1.8	15.9	2.5	2.1
3	②$_2$	粉质黏土	120	3.9	18.6	17.8	12.4
4	②$_4$	中粗砂	340	—	19.8	0	32.0

3）技术方案

本项目填土高度在3.5~7.0m之间；沿线路基下软土深厚。一般路段采用预应力高强度混凝土管桩（PHC管桩）处理，桩径0.4m，正方形布置，车行道桩间距为2.8m，人行道间距为3.0m。对于桥头范围，采用加密PHC管桩处理，车行道桩间距采用2.2m、2.4m、2.6m及2.8m渐变过渡，单桩承载力不少于600kN，车行道和人行道复合地基承载力特征值分别不小于120kPa、110kPa。桥头加密处理段范围约为30m，以减少路基与桥头之间沉降差。西湾路8号桥PHC桩处理桥台台后地基布置见图7-4。

7.1.4 适用性评价

以翠亨新区西湾路8号桥为例，进行适用性评价。

采用低应变法、单桩竖向抗压承载力试验和复合地基平板载荷试验评价管桩处理的适用性。

1）低应变法

施工完成后采用武汉岩海工程技术有限公司生产的RS-1616K(s)基桩动测仪，对管桩进行基桩低应变检测,检验桩身完整性。共检测 136 根桩,其中Ⅰ类桩 97 根,占检测桩数的 71.32%;其中Ⅱ类桩 39 根,占检测桩数的 28.68%;无Ⅲ、Ⅳ类桩。

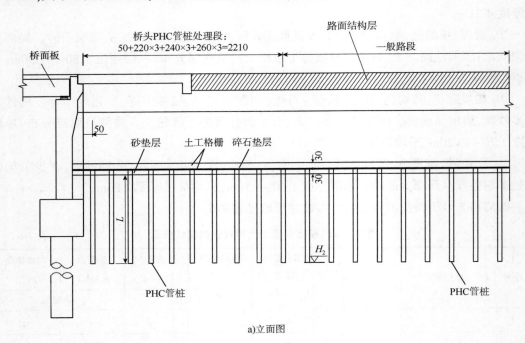

a)立面图

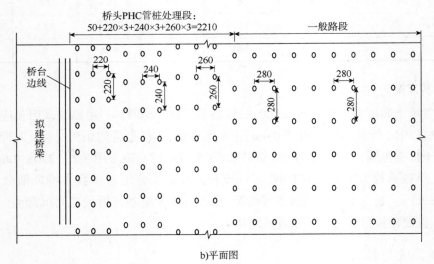

b)平面图

图 7-4　西湾路 8 号桥 PHC 管桩处理桥台台后地基布置图(尺寸单位:cm)

2)单桩竖向抗压承载力试验

对西湾路 8 号桥桥头 8 根桩径 0.4m 的管桩进行单桩竖向抗压静载试验,结果见表 7-7。

西湾路8号桥受检测桩试验结果汇总表 表7-7

序号	桩径（mm）	极限承载力（kN）	单桩承载力特征值（kN）	最大沉降量（mm）	残余沉降量（mm）	承载力特征值对应沉降量（mm）
1	400	≥1200	600	13.15	6.97	3.90
2	400	≥1200	600	6.43	1.11	3.72
3	400	≥720	360	41.65	—	—
4	400	≥1200	600	6.14	1.04	2.75
5	400	≥1200	600	7.90	2.63	3.29
6	400	≥1200	600	5.65	0.98	2.49
7	400	≥720	360	47.72	—	—
8	400	≥1200	600	9.11	3.84	2.83

综合分析，6根受检桩的单桩竖向抗压极限承载力不小于1200kN，均满足设计单桩竖向抗压承载力特征值不小于600kN要求。另外2根受检桩单桩竖向抗压极限承载力均为720kN，单桩竖向抗压承载力特征值为360kN，不满足单桩竖向抗压承载力特征值不小于600kN的设计要求。

3）复合地基平板载荷试验

对西湾路8号桥车行道和人行道共8个点进行复合地基平板载荷试验，结果见表7-8。

西湾路8号桥平板载荷试验检测点试验结果汇总表 表7-8

序号	设计复合地基承载力特征（kPa）	最大试验荷载（kPa）	最大沉降量（mm）	残余沉降量（mm）	回弹率（%）	承载力特征值对应沉降量（mm）
1	110	220	13.65	10.32	24.4	4.52
2	120	240	7.02	1.82	74.1	3.25
3	120	240	6.77	3.06	54.8	3.76
4	110	220	18.79	9.43	49.8	8.10
5	110	220	33.59	25.76	23.3	18.23
6	120	240	7.82	1.92	75.4	5.77
7	110	220	7.70	1.87	75.7	4.47
8	110	220	7.77	1.34	82.8	5.88

在各点最大试验荷载及其以下各级荷载作用下，沉降量较小且能相对稳定，最大沉降量为33.59mm，残余沉降量为25.76mm，承载力特征值对应的沉降量为18.23mm。车行道3点的复合地基极限承载力均不小于240kPa，复合地基承载力特征值不小于120kPa。人行道5点的复合地基极限承载力不小于220kPa，满足设计复合地基承载力特征值不小于110kPa要求。

图 7-5 西湾路 8 号桥头道路建成后运营情况

综合受检桩桩身完整性检测、单桩竖向抗压承载力和复合地基平板载荷试验,其中 2 根桩单桩承载力特征值不满足设计要求,其余受检桩成桩完整性较好,质量较高,复合地基承载力满足设计要求。从道路运营情况来看,开放交通以来,西湾路 8 号桥头道路整体运营情况良好,道路感观良好,道路平整,无差异沉降,无裂缝产生。道路运营情况见图 7-5。

采用管桩加密过渡一般适用于处理深厚软土地基上荷载较大、变形要求较严格的高路堤段、桥头或通道与路堤衔接段。

桥头路段采用考虑设计速度的工后沉降、附加纵坡渐变率、结构物附近容许工后差异沉降率和过渡段长度等 4 个指标,可有效减少桥头不均匀沉降,避免桥头跳车问题。

7.2　涵洞(通道)路段

7.2.1　问题分析

路基和涵洞(通道)对地基承载力要求不同,地基处理方式存在差异,软土地基路段涵洞(通道)常见问题主要是因地基处理方式不同,产生差异沉降,导致涵洞开裂、跳车和沉降过大。涵洞(通道)路段软土地基处理应实现涵洞(通道)与相邻路段平顺过渡。

7.2.2　技术要点

(1)软土地基涵洞宜采用箱涵或圆管涵。采用盖板涵时宜采用整体式基础。涵洞宜与路线正交,斜交角度不宜超过 20°。斜交角度大的涵洞的洞口宜设置八字翼墙。明涵两侧宜设置长度不小于 6m 的搭板。

(2)涵洞地基采用排水固结处理时应符合下列要求:

①当工期许可且路堤高度小于 5m 时,宜采用排水固结预压后反开挖施工涵洞。

②宜加密涵洞处的竖向排水体,并宜超载预压。

(3)涵洞采用复合地基时应符合下列要求:

①涵洞两侧应设置过渡段,过渡段应符合第 7.1 节相关要求。

②采用管桩复合地基时,涵洞下管桩宜在地面送桩至设计高程。

③软土含水率大于 50% 时,桩顶不宜设置褥垫层。

④涵洞基坑回填前,两侧路堤不能填筑的范围应根据路堤稳定分析确定。

(4)施工应符合下列要求:

①基坑开挖、涵洞基础施工宜分段施工。

②涵洞分段开挖的横向边坡坡率不应陡于涵洞基坑边坡坡率,基坑采用支护措施时,横向边坡坡率不宜陡于1:3。

③基坑内、基坑边坡上复合地基桩体周围土体应对称、分层开挖,桩两侧高差不应大于0.5m。

④土方施工机械不应碰撞复合地基桩体,桩前挖掘机不应开挖桩后土体。

⑤基坑开挖土方不应堆在坡顶附近,坡顶施工荷载不应超过设计值。

⑥应减少涵洞基坑边坡暴露时间,涵洞(通道)两侧应对称回填,并应确保回填质量。

7.2.3 应用案例

1) 工程概况

以翠亨新区马鞍岛某道路十字交叉路口为例,交叉路口一侧道路为城市主干道,路幅宽80m,交叉路口另一侧道路为双向四车道下穿隧道。

2) 马鞍岛某道路交叉路口工程地质条件

马鞍岛某道路交叉路口地质剖面图如图7-6所示。

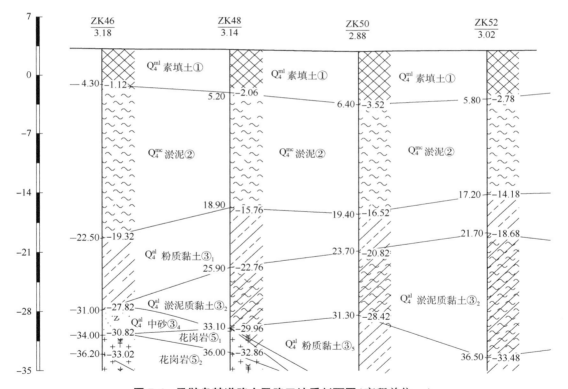

图7-6 马鞍岛某道路交叉路口地质剖面图(高程单位:m)

注:勘察资料时间2017年7月。

①素填土:灰黄、灰褐、棕红等杂色,主要由黏性土、砂质黏性土、碎石及砂土回填而成,局部含较厚填石、建筑垃圾。稍湿,松散,局部稍压实,土质不均匀,层厚1.00~12.00m,平均厚度5.61m。

②流塑淤泥(质土):灰黑色,以黏粒为主,含较多粉细砂,局部含大量腐木和少量贝壳碎屑,夹粉细砂薄层,饱和,呈流塑状态为主。层厚 1.00~29.00m,平均厚度 6.28m。

③$_1$ 可塑粉质黏土:灰、灰黑、浅黄等色,以粉黏粒为主,局部含少量粉细砂,很湿,呈可塑状态为主,局部软塑状。层厚 0.60~21.70m,平均厚度 6.28m。

③$_2$ 流塑状淤泥质土:灰黑色,饱和,流塑~软塑,富含有机质,具臭味,污手。层厚 1.10~18.60m,平均厚度 7.23m。

③$_3$ 细砂:灰黄色、灰白色,饱和,稍密状为主,局部松散,颗粒分选性好,含少量黏粒。层厚 0.80~9.00m,平均厚度 4.58m。

③$_4$ 中(粗)砂:灰白、灰、灰黄等色,主要成分为石英,局部含较多黏粒,局部夹粉细砂,饱和,以稍密~中密为主。层厚 0.70~5.05m,平均厚度 2.75m。

③$_5$ 可塑粉质黏土:灰白色、青灰色,湿,可塑状,黏性一般,含较多砂颗粒。层厚 1.10~21.10m,平均厚度 6.55m。

④硬塑砂质黏性土:棕黄、灰白等色,为花岗岩风化残积土,以粉黏粒为主,局部含花岗岩风化碎屑,稍湿,呈硬塑状态。层厚 0.50~23.70m,平均层厚 5.50m。

马鞍岛某道路交叉路口各土层岩土参数取值见表7-9。

马鞍岛某道路交叉路口各土层岩土参数取值　　　　　　表 7-9

序号	地层编号	岩土名称	地基承载力特征值 $[f_{a_0}]$(kPa)	压缩模量 E_s(MPa)	重度 γ(kN/m³)	黏聚力 c(kPa)	内摩擦角 φ(°)
			推荐值	推荐值	平均值	标准值	
1	①	素填土	80	10	18	10	10
2	②	淤泥质土	40~50	6	15.5	6.5	5~6
3	③$_1$	粉质黏土	120~160	25	18.0	18	15
4	③$_2$	淤泥质土	60	10	16.0	7.5	5~7
5	③$_3$	细砂	110~150	15	18.5	0	23
6	③$_4$	中粗砂	170~220	30	19.0	0	28
7	③$_5$	粉质黏土	160	28	18.5	20	17
8	④	砂质黏性土	250	42	19.0	25	22

3)技术方法

采用预应力高强度混凝土管桩+旋喷桩处理方式,设计要点同第 5.5.2 节,管桩选用 PHC-A400(95)型,混凝土强度 C80,桩直径 40cm,壁厚 9.5cm。采用正方形布置,间距 2.8m。

旋喷桩根据管桩型号选用不同的桩径,采用双管法施工,高压水泥浆的压力应大于 20MPa。旋喷桩加固剂采用 42.5 号水泥,水泥用量参考值为 250kg/m³,施工前应取样进行室内试验,以确定合适的水泥用量(28d 抗压强度大于 3.0MPa)。水泥浆液的水灰比可取 0.8~1.2,施工前进行试验确定。复合地基承载力不小于 100kPa。马鞍岛某道路交叉路口预应力高强度混凝土管桩+旋喷桩处理横断面如图 7-7 所示。

7.2.4　适用性评价

以马鞍岛某道路交叉路口为例,进行适用性评价。

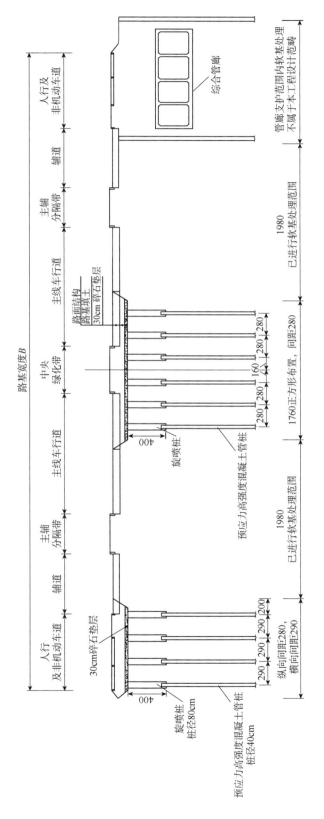

图7-7 马鞍岛某道路交叉路口预应力高强度混凝土管桩+旋喷桩处理横断面图（尺寸单位：cm）

马鞍岛某道路交叉路口运营期照片如图 7-8 所示,可见,箱涵两侧路基沉降较为明显,桥头跳车现象较为严重。一般情况,管桩复合地基桩底进入持力层,沉降较小。出现跳车的部分原因为该段箱涵与一般路基之间未设置搭板。

图 7-8　马鞍岛某道路交叉路口运营期照片

箱涵与一般路基之间应设置过渡段,并设置搭板协调变形,过渡段软基处理方案选型宜采用考虑设计速度的工后沉降、附加纵坡渐变率、结构物附近容许工后差异沉降率和过渡段长度等 4 个控制指标。

7.3　地下综合管廊路段

7.3.1　问题分析

管廊对地基承载力要求高,地基处理方式相比一般路段往往要求更高。对于综合管廊位于机动车道下方的路段,容易出现沿道路纵向的不均匀沉降,影响行车舒适性,甚至出现过大的横向差异沉降而影响行车安全。因此,综合管廊路段软土地基处理应实现与一般路段处理方式的平顺过渡,减少差异沉降。

7.3.2　技术要点

为避免地下综合管廊路段的差异沉降,在过渡段设计、施工时应注意以下技术要点:

(1)综合管廊在平面布置时不宜伸入地面道路的机动车道范围,当受条件限制时,管廊应深埋,埋深不宜小于 1.5m。

(2)在机动车道范围内的管廊基坑回填应采用渗水性好、易密实的填料,并应符合路基压实度要求。

(3)管廊与一般路段软基处理方式应设置过渡段,过渡段要求见第 7.1.2 节相关内容。

7.3.3　应用案例

1)工程概况

综合管廊段处理以翠亨新区五桂路为例。五桂路为双向六车道,规划为城市次干路,红线宽度 42m，于 2018 年 11 月开工建设。五桂路开工前照片如图 7-9 所示。

图 7-9   五桂路开工前照片

2）工程地质条件

工程地质条件同第 5.2.5 节。

3）技术方案

道路机动车道为旧路改造，未采取软基处理措施，为避免刚度不一致导致沉降差异而破坏机动车道，地下综合管廊设置在路侧绿化带下，且综合管廊地基处理采用直径为 0.5m 的水泥土搅拌桩作为竖向增强体，正方形布桩，桩间距为 0.80m。设计 28d 抗压强度大于或等于 0.7MPa，单桩承载力特征值 60kN，复合地基承载力特征值 140kPa。

7.3.4   适用性评价

以五桂路为例，进行适用性评价。

1）单桩竖向抗压承载力试验分析

抽检 32 根水泥土搅拌桩进行单桩竖向抗压承载力试验，加载方式采用快速维持荷载法，受检桩龄期超过 28d。

以某典型受检桩为例，试验加载到最大荷载 120kN 时，累计沉降量为 3.88mm，Q-s 曲线平缓，无明显陡降段，s-t 曲线基本呈平缓规则排列，其单桩竖向抗压极限承载力大于或等于 120kN，单桩竖向承载力特征值满足设计要求的 60kN。五桂路水泥搅拌桩 Q-s、s-t 曲线见图 7-10。

综合 32 根受检桩检测数据，在最大试验荷载及其以下各级荷载作用下，沉降量较小且能相对稳定。单桩竖向抗压极限承载力达到或超过设计特征值的两倍，试验确定单桩竖向承载力特征值满足设计要求的 60kN。

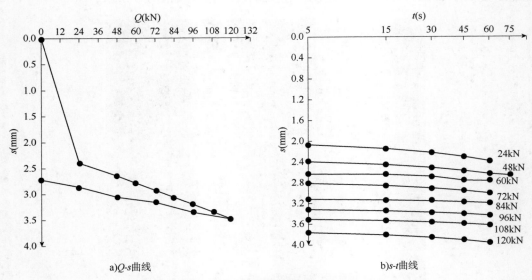

图 7-10　五桂路水泥搅拌桩 *Q-s*、*s-t* 曲线

2）复合地基平板载荷试验分析

采用平板载荷试验，抽检 32 个点检测水泥土搅拌桩复合地基承载力。

以某特征检测点为例，试验加载到最大荷载 280kPa 时，累计沉降量为 1.91mm，*p-s* 曲线平缓，*s-t* 曲线基本呈平行排列，其极限承载力大于或等于 280kPa，承载力特征值大于或等于 140kPa，满足设计要求。五桂路水泥土搅拌桩 *p-s*、*s-t* 曲线见图 7-11。

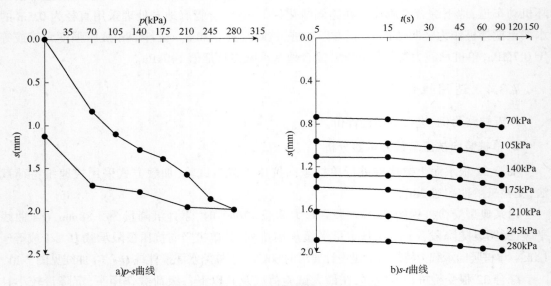

图 7-11　五桂路水泥搅拌桩 *p-s*、*s-t* 曲线

综合32个点的复合地基平板载荷试验数据,在各点最大试验荷载及其以下各级荷载作用下,沉降量较小且能相对稳定。地基的极限承载力达到或超过设计特征值的两倍,试验确定其承载力特征值满足设计要求的140kPa。

3）钻芯法试验数据分析

采用广东省探矿机械厂生产的GY-1A型钻机进行钻孔抽芯,共钻32个孔,检测32根桩。在桩钻孔水泥土芯的上部、中部、下部各取一组有代表性的水泥土芯样,共取水泥土芯样92组进行抗压强度试验。五桂路钻孔芯样见图7-12。

图7-12 五桂路钻孔芯样图

受检桩芯样主要呈柱状,喷浆均匀,胶结较好,均匀性较好。受检桩水泥土芯样试件抗压强度值在0.9~10.4MPa范围内,满足设计28d抗压强度不小于0.7MPa的要求。受检桩检测桩长均大于设计桩长,满足设计桩长不小于8.5m要求。

综合以上检测结果,水泥土搅拌桩成桩效果好,单桩承载力和复合地基承载力满足设计要求,从运营情况来看,综合管廊段不均匀沉降可控,部分出现差异沉降部位也在绿化带范围内,便于修复,未对机动车道产生影响。道路运营情况见图7-13。但综合管廊对地基承载力要求高,采用水泥土搅拌桩处理,与管桩相比沉降较大,桩间距较密,置换率较高,经济性稍差。

图7-13 综合管廊建成后运营情况

7.4 旧路拓宽段

7.4.1 问题分析

旧路拓宽是在原有的道路上进行拓宽,需拓宽的原有道路往往经过了数十年的运营,其土体基本完成固结并趋于稳定,而新建的路基还未开始运营,故新路基的土体固结度不如旧路基,后期将继续沉降,新旧路基之间产生差异沉降。因此,既有道路拓宽工程,应尽可能探明既有路基完成沉降情况及路堤填土现状,根据监测、勘察资料,对既有软土地基进行分析,评价拓宽路基与既有路基的稳定性和差异沉降,以及拓宽路基对既有路基稳定和沉降的影响程度,提出拓宽路基软土地基处理措施的建议。

7.4.2 技术要点

微控制扩宽路段对既有路段稳定与沉降的影响程度,在过渡设计、施工时应注意以下技术要求:

(1)新旧路堤界面处理应符合下列要求:

①既有路堤表层松散土应清除。

②台阶宽度不宜小于0.5m,台阶坡度不宜大于1:0.4。

③路堤高度大于2m时,界面中下部应铺设加筋材料,加筋抗拉强度不宜小于50kN/m,延伸率不应大于3%,加筋长度不应小于4m,加筋宜采用锚钉固定在既有路堤上。

(2)既有路堤边坡防护和支挡应符合下列要求:

①既有路堤削陡边坡宜满足稳定要求,边坡综合坡率不应陡于1:0.5。

②既有路堤边坡稳定性不足时,可采用钢板桩、钢板桩+锚杆(索)、喷锚网等边坡加固措施。

(3)征地困难、拓宽宽度小于既有路堤边坡宽度的路段可采用轻质土路堤。

(4)路基变形和稳定满足要求时,可不进行地基处理。

(5)既有路堤容许沉降大时,可以采用排水固结法。

(6)拓宽路堤软基处理采用换填方案应符合下列要求:

①软土层底面深度小于3m时可采用换填法,既有路堤采用换填方案的路段适用软土底面深度可加大。换填时路堤稳定安全系数不应小于1.2。

②换填材料采用圬工垃圾时,分层厚度不宜大于0.6m,粒径不宜大于0.4m,孔隙率不宜大于25%。

③采用钢板桩临时支护时,拔除钢板桩应采用石屑、中粗砂充填已拔钢板桩留下的空隙。如换填片石、圬工垃圾等大粒径填料,拔除钢板桩前尚应采用石屑、中粗砂充填钢板桩附近空隙。

(7)软土层底面深度小于5m,且既有路堤容许沉降小的拓宽路堤,宜采用就地固化处理。

（8）软土层底面深度超过 3m,且既有路堤容许沉降小的拓宽路堤,宜采用复合地基。

（9）既有路基坡脚以内加固范围应根据沉降和横坡增大值计算确定。

（10）既有路堤加高时,既有路堤软基处理方案应根据既有路堤原有地基处理方案、交通组织、沉降计算、稳定分析等因素综合确定,可采用换填轻质土、复合地基、排水固结等方法。

（11）施工应符合下列要求：

①管桩宜采用静压法施工,灌注桩、素混凝土桩宜采用长螺旋钻孔法施工,旋喷桩施工应减少施工扰动。

②既有路堤边坡需要削陡时应分段施工,开挖后的边坡应防护或遮盖。既有路堤采用砂土填筑时,应采取避免填砂路堤坍塌的施工方案。

③路堤填筑应根据监测资料控制填土速率。路面施工前工后沉降、工后沉降差异率应满足设计要求。

④应制订保证既有道路运营安全的应急预案。

7.4.3 应用案例

1）工程概况

以翠亨新区香海路北段道路工程为例,该道路为改造工程,现状为双向二、四车道,拓宽改造为双向四、六车道,规划为城市主干路,红线宽度 60m,于 2022 年 4 月开工建设。香海路北段道路软基处理前照片见图 7-14。

图 7-14 香海路北段道路软基处理前照片

2）工程地质条件

工程地质条件同第 5.1.5 节应用案例。

3）技术方案

香海路为双向二、四车道,两侧对称拓宽改造为双向四、六车道,拓宽段采用水泥土搅拌桩复合地基处理。原地表按照整平高程整平,施工桩体后,挖出空桩部分至实桩顶,再施工垫层。双向水泥土搅拌桩复合地基横断面、平面布置见图 7-15。

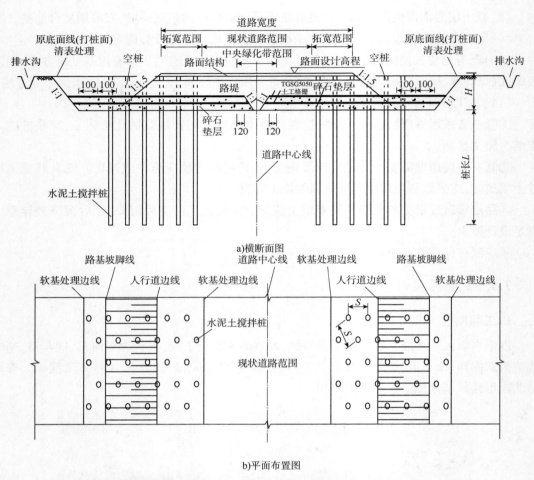

a)横断面图

b)平面布置图

图 7-15 双向水泥土搅拌桩复合地基横断面、平面布置图(尺寸单位:cm)

S-水泥土搅拌桩间距

7.4.4 适用性评价

既有道路地基沉降较小,基本趋于稳定,旧路拓宽段涉及新近填土,新老路基之间差异沉降不可避免。拓宽段路基采用水泥土搅拌桩复合地基,可有效提高拓宽段地基承载力,减少拓宽段路基沉降,水泥土搅拌桩本质上属于加固土桩,可以较好协调与既有路基变形差异。自开放交通以来,该路段整体运营情况良好,道路感观较好,道路平整,无差异沉降,无裂缝产生,该路段建成后运营情况见图 5-6。

7.5 本章小结

本章重点围绕桥头路段、涵洞(通道)路段、地下综合管廊路段、旧路扩宽段,对填海造陆地区特色路段(部位)的软基处理要点进行总结。

（1）填海造陆地区软土的沉降特征明显，特殊路段（部位）软基处理的核心就是控制和减少不同刚度或承载力部位的不均匀沉降，减轻差异沉降对道路结构的破坏。

（2）桥头路段：重点考虑4个方面，即桥头部位的地基处理、设置搭板、搭接部位的结构层、控制好过渡段施工质量。

（3）涵洞（通道）路段：与桥头段类似，考虑4个方面，即设置搭板、涵洞宜采用整体式基础、尽量与道路正交、注意涵洞主体结构回填施工质量。

（4）地下综合管廊路段：地下综合管廊路段尽量设置在绿化带或非机动车道下，且应设置过渡段，在综合管廊路段采用散体柔性桩加固软基，减少沉降对管廊结构的破坏。

（5）旧路拓宽段：施工前应探明既有旧路固结稳定情况，以评价新旧路基可能产生的沉降差异，新旧路基之间设置必要的过渡段，在新路基段采用柔性桩加固土体，避免刚度差异过大，协调与旧路基的沉降差异。

第8章 填海造陆地区软土路堤监测

填海造陆地区地质条件复杂,软土广泛分布,具有孔隙比大、地基承载力低、易于变形等特性,地基沉降是填海造陆软土区最突出的问题之一。加强软土路堤施工期监控和工后监控,针对性地采取措施控制地基沉降,以监测成果指导地基处理,对填海造陆软土地区沉降控制有着重大的工程意义。本章结合马鞍岛路网工程设计施工经验,对珠三角填海造陆地区软土路堤监测要点进行梳理和总结。

8.1 一般规定

软土路堤监测一般应符合以下规定:

(1)软土路堤应进行施工期监控和工后监控。

(2)软土路堤填筑速率、卸载时机等应根据软土地基监控成果确定。

(3)软土路堤监控宜采用自动化监控和预警。

(4)路堤高度大于天然地基极限填土高度的路段宜由进行监控。

(5)受基坑、软基路堤影响的房屋、管线、地铁、桥涵等建(构)筑物监测应符合现行《建筑变形测量规范》(JGJ 8)、《建筑基坑工程监测技术标准》(GB 50497)等规定。

8.2 施工期监测要点

填海造陆地区道路工程不同软基处理工艺的施工监测要点略有不同:

(1)具有挤土效应的复合地基施工时,应监测路堤坡脚位移、路堤中线附近地表沉降、已施工桩的隆起量,附近有既有边坡、建(构)筑物时尚应监测其沉降、位移、裂缝等。

(2)加固既有路堤、建(构)筑物时,应监测既有路堤、建(构)筑物的沉降、位移、裂缝等。

(3)工作垫层厚度较大、有滑移风险时,应监测坡脚水平位移。

(4)路堤施工期监控设计应包括监测断面、监测项目、测点布置、监测要求、监测时间、监测频率、路基稳定评估方法、预警标准等。试验段工程及异常路段应进行专项监控方案设计。

(5)监测断面设置应符合下列要求:

①路堤高度超过天然地基路堤极限填土高度且采用排水固结或复合地基处理的路段,监控断面间距不宜大于50m,且应设置在稳定性差的位置和方向。

②采用排水固结法处理且计算沉降大于3倍容许工后沉降的路段,监控断面间距不宜

大于 100m。

③桥头路段监控断面不宜少于 2 个。

8.3　工后监测要点

工后监测是评价软基处理效果的重要手段,其要点应包含以下方面:

(1)工后监控方案设计应包括监测断面、监测项目、测点布置、监测要求、监测时间、监测频率、预警标准等。

(2)工后监控断面应根据施工期监控成果、现场条件变化等因素确定,并符合下列要求:

①路堤存在稳定性风险的路段,监测断面间距不宜大于 50m。

②预测工后沉降超标的路段,监测断面间距不宜大于 100m。

③路堤附近进行开挖、堆载等作业的路段,监测断面间距不宜大于 50m。

(3)监测项目选择应符合下列要求:

①对于路堤存在稳定性风险的路段,应监测路堤沉降和水平位移。

②对于预测工后沉降超标的路段,应监测路堤沉降,对于桥头路段尚应监测桥台位移。

③对于路堤附近进行开挖、堆载等作业的路段,应监测路堤沉降和水平位移。

④对于开裂路段尚应检测裂缝宽度、长度等。

(4)测点设置应符合下列要求:

①沉降测点宜设置在路肩附近。

②水平位移测点应设置在路堤存在稳定性风险的路段、靠近开挖或堆载作业一侧的坡脚附近。

③裂缝宽度测点宜设置在裂缝最宽处。

(5)监测时间应符合下列要求:

①对于路堤存在稳定性风险的路段,宜监测至路堤判定稳定为止。

②对于路堤工后沉降超标的路段,宜监测至剩余工后沉降小于容许工后沉降为止。

③对于路堤附近进行开挖、堆载等作业的路段,应监测至路堤判定稳定且变形稳定为止。

(6)监测频率应符合下列要求:

①对于路堤存在稳定性风险的路段,监测频率应根据稳定状态确定,出现报警条件时每天监测次数不应少于一次。

②对于路堤工后沉降超标的路段,通车初期宜每月监测一次,半年后宜每个季度监测一次。

③路堤附近进行开挖作业时每天监测次数不应少于两次,其他时间宜 1~3d 监测一次。

④路堤附近进行堆载作业时每天监测次数不应少于一次,其他时间宜 2~7d 监测一次。

(7)出现下列情况之一应进行稳定性报警:

①路堤出现纵向裂缝。

②路堤外侧出现隆起现象。

③沉降或水平位移加速发展。

8.4 监测方案要点

监测方案的制订是填海造陆地区软土路堤监测的关键,在监测项目的选择、测点的布置、监测频次与记录方面有一些特点。

8.4.1 监测项目

(1)地表沉降:沉降板布置在砂垫层底面(场地整平面),用以观测地面沉降的发展过程;观测结果可用以推算软基处理固结度、工后沉降,实测的沉降速率也可用于控制填土施工速率。

(2)地基分层沉降:使用分层沉降仪观测地基不同层位的沉降,确定有效压缩层厚度。

(3)地表水平位移:位移观测边桩布置在填土边坡坡脚,在插板打设完成后埋设,观测地基各层土体侧向位移量,可以用土体的侧向变形情况来控制加载速率。

(4)深层水平位移:测斜管设置于路基的坡脚,用以观测地基深层土体水平位移,判定土体剪切破坏的位置,掌握潜在滑动面发展变化,评价地基稳定性。

(5)孔隙水压力:孔隙水压力计布置在软土层,用以测定地基中孔隙水压力,分析地基土层排水固结特性。

(6)膜下真空度:真空度测头量测膜下真空度。膜下真空度达到设计要求是软基处理成功的重要保证,是真空预压施工成功的最直接反映。

8.4.2 测点布置

监测测点布置横断面示意图见图 8-1。

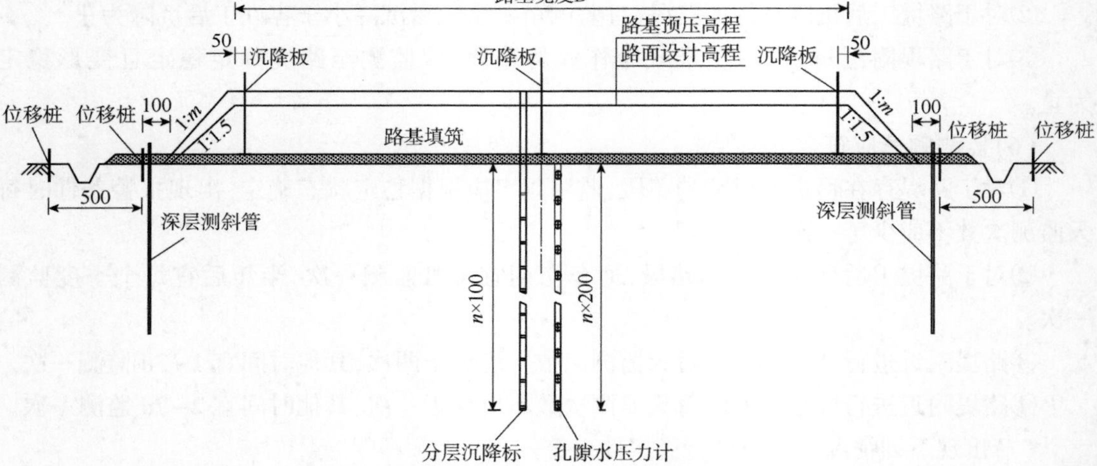

图 8-1 监测测点布置横断面图(尺寸单位:cm)

1) 沉降板

沉降板采用钢板,测杆可采用镀锌钢管,测杆与沉降板焊接成一体;套管为塑料管,其必须有足够的刚度和强度。

随着填土的增高,测杆与套管也相应接高,每节长度不宜超过 50cm。接高后的测杆顶面应略高于套管上口,套管上口应加盖封住管口,盖顶高出碾压面高度 50cm。

埋设时板底应平整,测杆垂直偏差率应不大于 1.5%。表层沉降板和堆载预压路段沉降板见图 8-2。

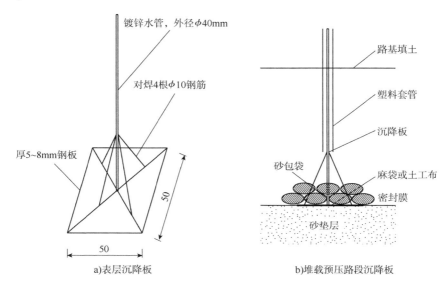

a)表层沉降板   b)堆载预压路段沉降板

图 8-2　表层沉降板和堆载预压路段沉降板(尺寸单位:cm)

2) 分层沉降标

采用钻孔埋设时,钻孔垂直偏差率应不大于 1.5%;导管外露 30~50cm,并随填土增高,接出导管并外加保护管。

分层沉降标穿过密封膜处,采用直径 50cm 混凝土圆管进行保护,并预留长度 3.0m 以上密封膜,以防止土方下沉时拉裂密封膜;密封膜与分层沉降之间应包扎密实,避免影响整体密封效果。分层沉降标顶宜采用密封膜进行包封,每次读数时拆下包封膜,测量完毕之后应再次包封。

3) 位移观测边桩

位移观测边桩埋设在路堤两侧趾部,其中一根位于坡脚线(地面高程±0m)外侧 1.0m,另一根位于坡脚外侧 5m 处。在边桩顶部应预埋不易损坏的金属测头,边桩采用打入法埋设。分层沉降标和位移观测边桩见图 8-3。

4) 测斜管

采用塑料测斜管,其弯曲性能应适应被测土体的位移情况。测斜管内纵向的十字导槽应润滑顺直,管端接口密合。测斜管埋设于路堤边坡坡趾处。采用钻机导孔,导孔的垂直偏差率不大于 1.5%。测斜管设置于密封沟外侧 1m 处,底部应穿透软土层进入下卧硬土层中

3m,管内的十字导槽必须对准路基的纵横方向。测斜管应高出地面1m。

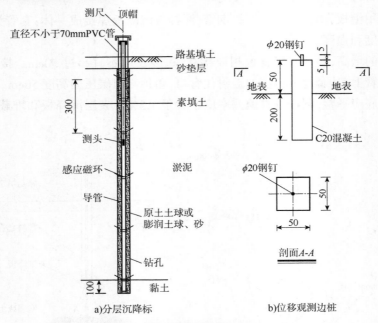

图 8-3　分层沉降标和位移观测边桩(尺寸单位:cm)

5)孔隙水压力计

采用钻孔埋设法埋设孔隙水压力计。从砂垫层底部开始埋设孔隙水压力计,每隔2m埋设一个。埋设后应将电缆外引至观测箱中,并注意保护好。

6)膜下真空度测头

在铺设滤管时埋置膜下真空测头,滤管埋在砂垫层中部,膜下真空度测头埋设在两根滤管中间的砂垫层内(禁止埋设在滤管内),且应保证测头上下两侧的砂垫层厚度不小于25cm。真空管一端连接真空测头,由砂垫层经密封沟引出预压区范围并进行标识。测斜管和孔隙水压力计见图8-4。

8.4.3　监测项目选择

结合马鞍岛路网工程实践,常用的软基处理工艺监测项目见表8-1。

监测项目表　　　　　　　　　　　　　　　　　　　　　　　表 8-1

软基处理工法	地表沉降	地基分层沉降	地表水平位移	深层水平位移	孔隙水压力	膜下真空度
换填法	√	×	○	×	×	×
就地固化法	√	×	○	×	×	×
堆载预压法	√	√	√	√	√	×
真空预压法	√	√	√	√	√	√
复合地基法	√	○	○	○	×	×
泡沫轻质土路堤法	√	○	√	○	×	×

注:√-应测;○-选测;×-不适用。

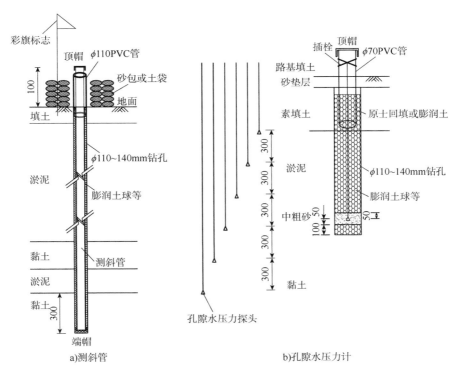

图 8-4 测斜管和孔隙水压力计(尺寸单位:cm)

8.4.4 监测记录表

断面沉降板监测记录表,见表 8-2。

×××项目软基处理(路、渠名称),×+×××断面沉降板监测记录表　　表 8-2

编制:　　　　校核:　　　　　　　　　　　　　　本次观测时间:　　年　　月　　日

测点号	1			2			3			备注
监测日期	管口高程值(m)	相对上次沉降量(mm)	累计沉降量(mm)	管口高程值(m)	相对上次沉降量(mm)	累计沉降量(mm)	管口高程值(m)	相对上次沉降量(mm)	累计沉降量(mm)	

断面边桩水平位移监测记录表,见表 8-3。

×××项目软基处理(路、渠名称),×+×××断面边桩水平位移监测记录表   表 8-3

编制:　　　　　校核:　　　　　　　　　　　　　　　　　　本次观测时间:　　年　　月　　日

测点部位		监测点号	首次值观测时间(年月)	变形量(mm)					
				垂直路基纵轴线方向		平行路基纵轴线方向		沉降	
				本次	累计	本次	累计	本次	累计
断面桩号(里程)	距堤轴线距离(m)								

注:垂直堤轴线方向指向路侧变形为正"+",反之为负"−";平行堤轴线方向,指向小里程为正"+",反之为负"−";沉降变形,下沉为正"+",上升为负"+"。

内部水平位移监测记录表为电子表格,由仪器数据导出后自动生成。

断面孔隙水压力监测记录表,见表 8-4。

×××项目软基处理(路、渠名称),×+×××断面孔隙水压力监测记录表   表 8-4

埋设位置:_____　测点埋设高程:_____　测点编号:_____　仪器编号:_____

安装日期:_____　基准日期:_____　表单流水号:_____

观测日期年、月、日	仪器读数	换算压力(kPa)	水位(m)	修正换算压力(kPa)	孔隙压力(kPa)	备注

观测:_____　　　　　计算:_____　　　　　校核:_____

膜下真空度监测记录表,见表8-5。

×××项目软基处理(路、渠名称),(位置描述-分区)膜下真空度监测记录表(单位:kPa)

表 8-5

日期、测次	测点编号	…	…	…	…	…	…
	埋深高程(m)	…	…	…	…	…	…
2020-01-01,第 1 次	86						
…							
…							
…							
…							
…							
…							
…							
…							
…							
…							
…							
…							
…							
…							
…							

编制: 校核:

附　图

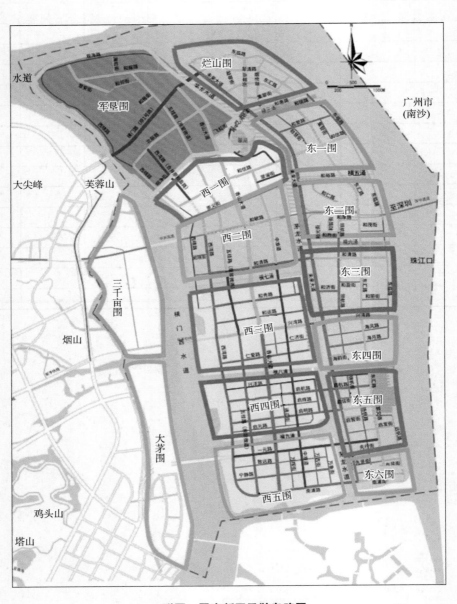

附图　翠亨新区马鞍岛路网

参考文献

[1] 中华人民共和国住房和城乡建设部. 工程勘察通用规范:GB 55017—2021[S].北京:中国建筑出版传媒有限公司,2021.

[2] 中华人民共和国建设部. 岩土工程勘察规范(2009 年版):GB 50021—2001[S].北京:中国建筑工业出版社,2009.

[3] 中华人民共和国住房和城乡建设部. 市政工程勘察规范:CJJ 56—2012[S].北京:中国建筑工业出版社,2012.

[4] 中华人民共和国住房和城乡建设部. 软土地区岩土工程勘察规程:JGJ 83—2011[S].北京:中国建筑工业出版社,2011.

[5] 中华人民共和国交通运输部. 公路工程地质勘察规范:JTG C20—2011[S].北京:人民交通出版社,2011.

[6] 中华人民共和国住房和城乡建设部. 建筑与市政工程抗震通用规范:GB 55002—2021[S].北京:中国建筑出版传媒有限公司,2021.

[7] 中华人民共和国住房和城乡建设部. 建筑与市政地基基础通用规范:GB 55003—2021[S].北京:中国建筑出版传媒有限公司,2021.

[8] 中华人民共和国住房和城乡建设部. 城市道路交通工程项目规范:GB 55011—2021[S].北京:中国建筑出版传媒有限公司,2021.

[9] 中华人民共和国住房和城乡建设部. 城市道路路基设计规范:CJJ 194—2013[S].北京:中国建筑出版传媒有限公司,2013.

[10] 中华人民共和国交通运输部. 公路路基设计规范:JTG D30—2015[S].北京:人民交通出版社股份有限公司,2015.

[11] 中华人民共和国交通运输部.公路软土地基路堤设计与施工技术细则:JTG/T D31-02—2013[S].北京:人民交通出版社,2013.

[12] 广东省交通运输厅. 广东省公路软土地基设计与施工技术规定:GDJTG/T E01—2011[S].北京:人民交通出版社,2012.

[13] 中华人民共和国住房和城乡建设部. 建筑地基基础设计规范:GB 50007—2011[S].北京:中国建筑工业出版社,2011.

[14] 中华人民共和国住房和城乡建设部. 吹填土地基处理技术规范:GB/T 51064—2015[S].北京:中国计划出版社,2015.

[15] 中华人民共和国住房和城乡建设部. 建筑地基处理技术规范：JGJ 79—2012[S].北京：中国建筑工业出版社,2013.

[16] 广东省住房和城乡建设厅. 建筑地基处理技术规范：DBJ/T 15-38—2019[S].北京：中国城市出版社,2019.

[17] 广东省住房和城乡建设厅. 建筑地基基础设计规范：DBJ 15-31—2016[S].北京：中国建筑工业出版社,2017.

[18] 中华人民共和国住房和城乡建设部. 气泡混合轻质土填筑工程技术规程：CJJ/T 177—2012[S].北京：中国建筑工业出版社,2012.

[19] 中华人民共和国住房和城乡建设部. 复合地基技术规范：GB/T 50783—2012[S].北京：中国计划出版社,2012.

[20] 中国公路建设行业协会. 公路路堤刚性桩复合地基技术指南：T/CHCA 003—2019[S].北京：人民交通出版社股份有限公司,2019.

[21] 广东省住房和城乡建设厅. 静压预制混凝土桩基础技术规程：DBJ/T 15-94—2013[S] 北京：中国城市出版社,2013.

[22] 中华人民共和国住房和城乡建设部. 城镇道路工程施工与质量验收规范：CJJ 1—2008[S].北京：中国建筑工业出版社,2008.

[23] 中华人民共和国交通运输部.公路路基施工技术规范：JTG/T 3610—2019[S].北京：人民交通出版社股份有限公司,2019.

[24] 中华人民共和国交通运输部.公路土工合成材料应用技术规范：JTG/T D32—2012[S].北京：人民交通出版社,2012.

[25] 工程地质手册编委会.工程地质手册[M].5 版.北京：中国建筑工业出版社,2018.

[26] 龚晓南.地基处理手册[M].3 版.北京：中国建筑工业出版社,2008.

[27] 王琤，吴志峰，李少英，等. 珠江口湾区海岸线及沿岸土地利用变化遥感监测与分析[J]. 地理科学, 2016, 36(12)：9.